P. HELBRONNER

TRIANGULATION GÉODÉSIQUE

DES

MASSIFS D'ALLEVARD

DES SEPT-LAUX ET DE LA BELLE-ÉTOILE

Extrait de l'Annuaire du Club Alpin français
30e volume. — 1903

Pour la Patrie par la Montagne

C. A. F.

PARIS

TYPOGRAPHIE PHILIPPE RENOUARD
19, RUE DES SAINTS-PÈRES, 19

1904

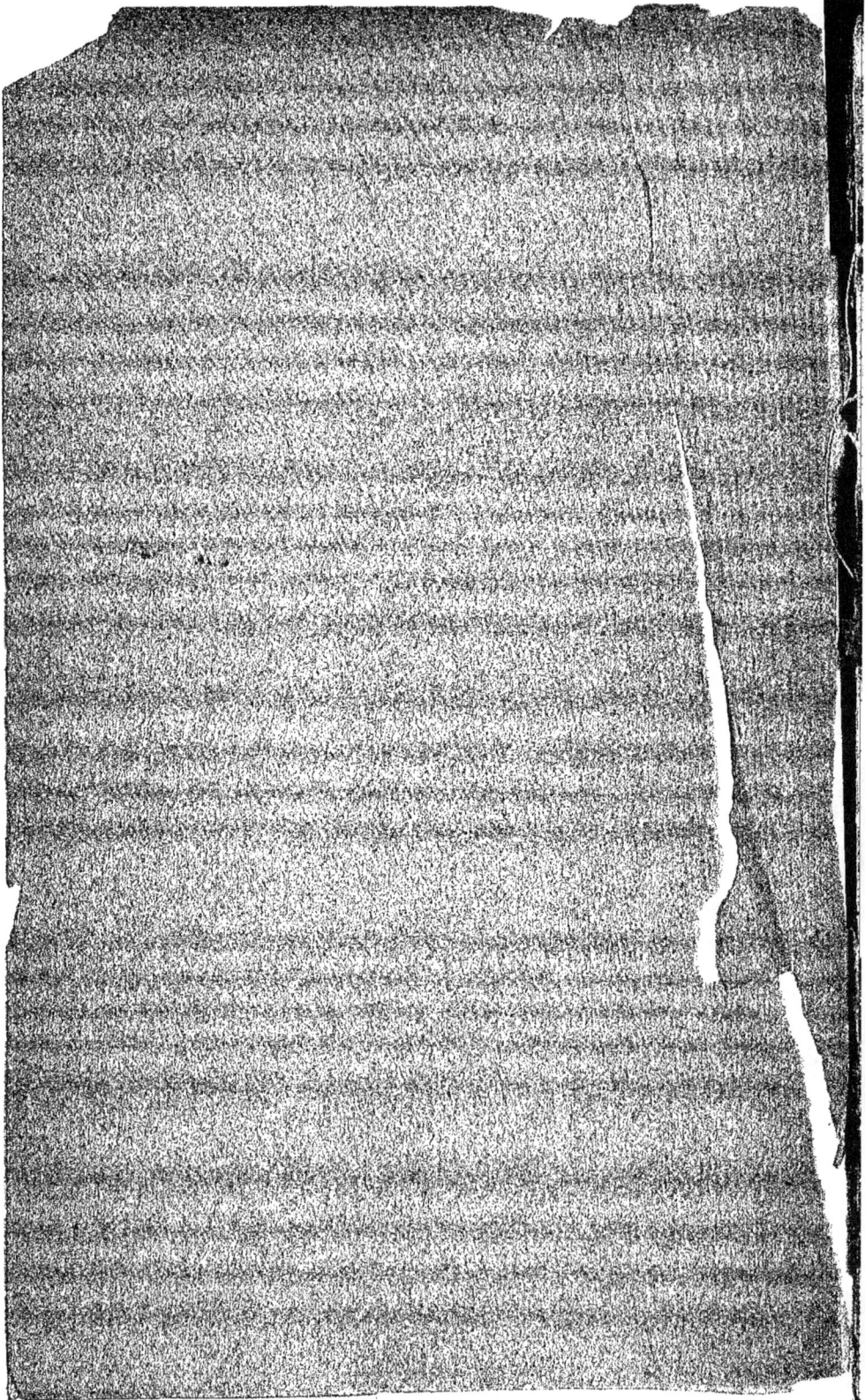

P. HELBRONNER

TRIANGULATION GÉODÉSIQUE

DES

MASSIFS D'ALLEVARD

DES SEPT-LAUX ET DE LA BELLE-ÉTOILE

Extrait de l'Annuaire du Club Alpin Français.
30ᵉ volume. — 1903.

PARIS

TYPOGRAPHIE PHILIPPE RENOUARD

19, RUE DES SAINTS-PÈRES 19

1904

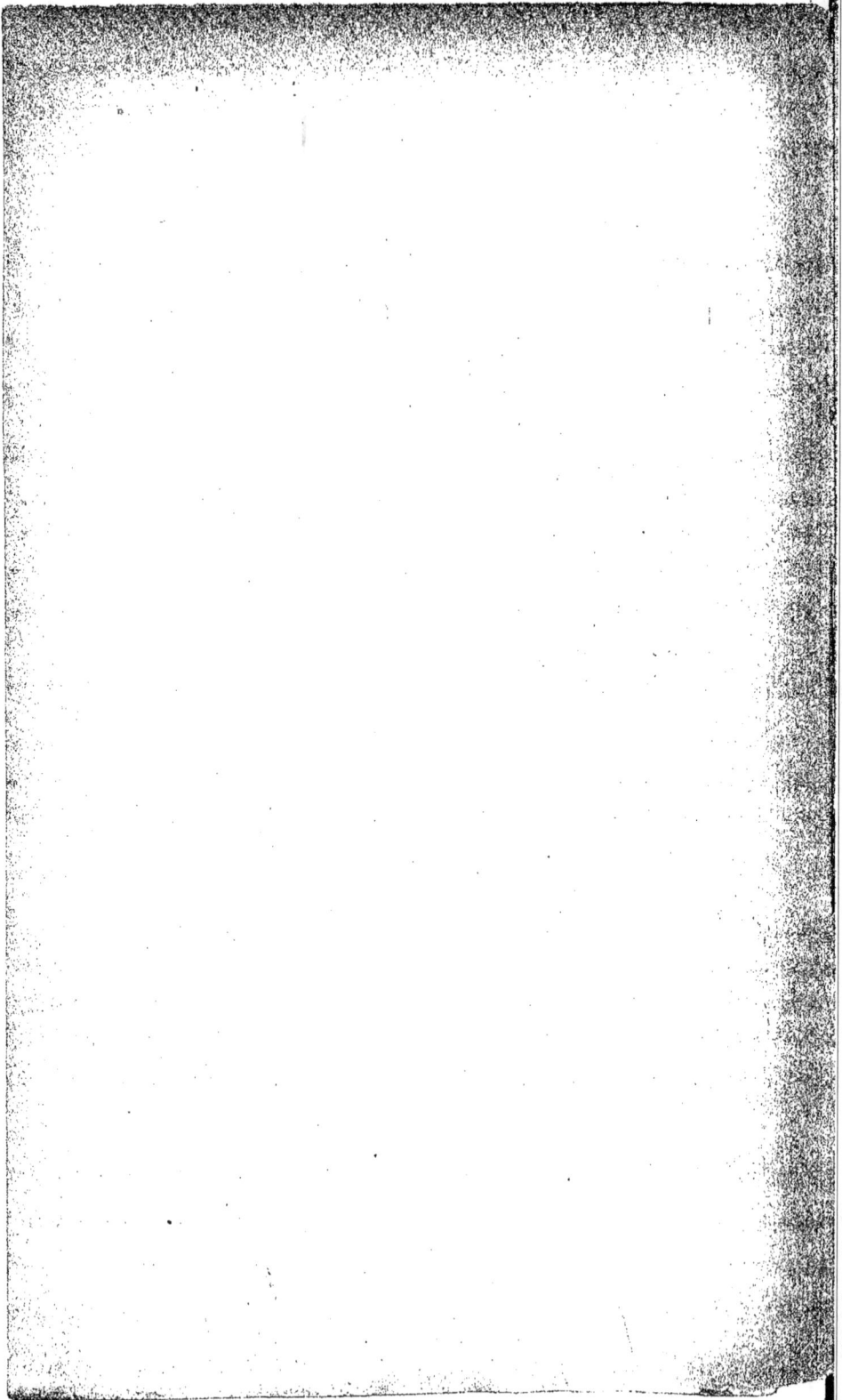

TRIANGULATION GÉODÉSIQUE

DES

MASSIFS D'ALLEVARD, DES SEPT-LAUX ET DE LA BELLE-ÉTOILE

INTRODUCTION

Sources vives de puissance morale et d'énergie intellectuelle aussi bien que de vigueur physique, dès la plus haute antiquité, les sommets des hautes montagnes étaient environnés d'une atmosphère de crainte et de respect qui se traduisait par un enthousiasme religieux et patriotique : les dieux habitaient l'Olympe, Apollon et les Muses régnaient sur le Parnasse... ainsi l'avaient établi les fictions charmantes de l'imagination des Grecs, pour ne parler que de ce peuple chez lequel les conceptions intellectuelles avaient atteint dans l'art et dans la science le maximum de leur éclat.

Leur génie, véritable créateur des méthodes actuelles, aussi bien scientifiques avec Aristote et ses successeurs, qu'artistiques avec les maîtres de la sculpture du siècle de Périclès, avait su, de plus, combiner ses deux facultés maîtresses et les faire servir l'une à l'autre : ils en avaient donné une démonstration éclatante dans ce chef-d'œuvre du Parthénon aux dimensions relativement restreintes, mais qui paraît immense par les courbures insensibles, calculées mathématiquement, de ses lignes architecturales.

C'est de l'esprit grec que notre esprit, à nous Français, se rapproche le plus : c'est chez lui que notre génie national a puisé ses aspirations et ses idées élevées, qui donnent à notre pays la suprématie incontestée dans les arts. Malgré la nuit qui l'a recouvert pendant tout le Moyen âge, il s'est réveillé plus vif que jamais et de sa renaissance a daté l'ère de nos grandeurs artistiques et scientifiques. Successivement tout ce qui le composait s'est révélé à nouveau, et, si cette éclosion n'a pas été simultanée dans toutes les branches de l'esprit, elle a néanmoins suivi son développement complet. Certes, le président de Brosses, vivant cependant à une époque de gloire littéraire, a pu écrire des lignes peu aimables pour la montagne, mais bien avant lui saint François de Sales pressentait le rôle qu'elle jouerait plus tard dans le bonheur des hommes... Il fallut toutefois le grand mouvement des idées du XVIIIe siècle pour ramener les regards vers les sommets et leur créer le culte qui a grandi sans cesse depuis ce moment.

De France, ou de région d'influence française, est partie cette estimation nouvelle des grands spectacles de la nature : admirable faculté de l'esprit humain de changer en merveilles ce qu'il avait jugé jusque-là indigne de ses soins ! Nous avons donc, à ce moment, fermé le cycle et fini de retrouver toutes les admirations de nos ancêtres intellectuels. Si nous n'avons pas, comme eux, placé la divinité sur nos hauts sommets, majestueuses assises étincelantes de blancheur sous un dais d'azur, plus grandioses cependant que les croupes dénudées du Péloponnèse ou les arêtes rectilignes du Pentélique et de l'Hymette, c'est que nous avons appris à les mesurer ; mais sur leurs neiges ou leurs rochers nous nous sommes sentis rapprochés d'elle.

Le culte que nos contemporains ont voué à ces merveilles de la nature leur a fait appliquer les méthodes d'art et de science que les Grecs ont créées et qui ont été utilisées à la description précise de ces régions, travail qui n'a nulle part été poussé — au début du moins — avec autant d'amour et de passion qu'en France.

La connaissance précise et détaillée du sol natal n'est-elle pas, en effet, un des plus vifs désirs de celui qui l'aime, puisqu'il est convenu, avec raison d'ailleurs, qu'on ne possède vraiment un bien que quand on le connaît entièrement ?

Et nous possédons des biens inestimables : parmi toutes les splendeurs de notre territoire, varié de si différentes merveilles, d'aucuns penseront qu'il n'en est pas de comparables à nos magnifiques montagnes de la frontière du Sud-Est !... Et beaucoup sentiront qu'ils ne les possèdent pas autant qu'ils pourraient, puisque hélas ! la description détaillée et scientifique en offre bien des lacunes.

Quelle application, cependant, le génie national, caractérisé par cette union intime de l'art et de la science, ne doit-il pas trouver dans l'étude du sol, puisque celle-ci entraîne et nécessite le double jeu d'un travail technique et d'un travail artistique ? Et certes, si la direction du travail de notre Carte de France a subi, dans sa longue élaboration, des déviations successives, ce ne sont pas les hommes de valeur qui ont manqué à son exécution : il suffit d'ouvrir les deux magnifiques ouvrages du général Berthaut[1] pour apercevoir la florissante pléiade de savants artistes qui, non seulement en France, mais sur tous les continents, ont promené pendant la deuxième moitié du XVIIIe siècle et tout le XIXe siècle l'étroite union de la science et de l'art dans leurs travaux de géodésie, de topographie et de cartographie.

Et cependant, malgré les ressources du génie français, nous sommes dépassés aujourd'hui dans les études de reconnaissance de notre sol par celles que les nations voisines ont exécutées sur le leur. Nous avons été leurs

1. 1° La Carte de France, par le colonel BERTHAUT, 2 vol. in-4. Imprimerie du Service géographique de l'Armée ; 2° Les Ingénieurs géographes, du même auteur, 2 vol. in-4. Imprimerie du Service géographique de l'Armée.

professeurs ; notre carte de Cassini d'abord, puis celle
du Dépôt de la Guerre, leur ont servi de modèle. Encore
au début du second Empire nous paraissions maîtres
incontestés en Europe de la géodésie et de la cartographie. Pendant ce temps, ces sciences prenaient à l'étranger
un essor tel qu'aujourd'hui nous ne pouvons regarder
sans un œil d'envie les savantes et belles reproductions
de leurs régions montagneuses. Les tirages en plusieurs
couleurs des feuilles de l'Atlas fédéral suisse paraissent
notamment les plus beaux exemples de la combinaison
de la science et du sentiment artistique.

Nous nous sommes heureusement ressaisis, et l'élan est
donné. Tandis que sous l'impulsion de l'État, notamment
du Service géographique de l'Armée, l'exécution des plans
directeurs se poursuit sur plusieurs points de la France,
que différents fragments d'une nouvelle carte au 50 000ᵉ
sont achevés, qu'un groupe de savants officiers opère la
triangulation et le levé topographique de toute l'Algérie,
l'initiative privée s'est emparée des hautes régions des
Alpes : MM. J. et H. Vallot ont donné l'exemple admirable
que tout le monde sait, et leur carte du massif du Mont-
Blanc au 20 000ᵉ constituera à elle seule un travail de
valeur unique tant par la rigueur des méthodes et des
mesures que par la fidélité de reproduction graphique
du terrain.

Frappé, dès mes premières campagnes dans les Alpes,
de l'insuffisance scientifique et pratique de notre 80 000ᵉ
vis-à-vis surtout des travaux suisses et italiens, j'avais
caressé la pensée de voir l'alpinisme se mettre au service
de la description de nos magnifiques montagnes, œuvre
passionnante s'il en est, de science, d'amour de la nature
et d'art combinés.

J'eus le bonheur d'assister à la naissance de la Commission de topographie du Club Alpin, qui consacrait
mon vœu et allait permettre de canaliser les efforts
individuels.

Il ne m'appartient pas de dire ce qui a été fait dans
les premiers moments de l'existence de cette Commission :

c'est celui qui l'a mise sur pied, qui l'a défendue et qui en est l'âme savante et dirigeante, qui pourrait seul en parler avec autorité.

Qu'il suffise donc de dire que la Commission, s'étant attachée tout d'abord à classer les critiques nombreuses émanées de touristes, proposa de s'attaquer aux massifs les plus mal figurés sur la carte du Dépôt de la Guerre. Et voilà comment, heureux de participer, dès le début, à cette idée qui m'occupait depuis si longtemps, je me permets de présenter aujourd'hui le résultat de ma campagne géodésique de 1903 dans les massifs d'Allevard, des Sept-Laux et de la Belle-Étoile.

I

OPÉRATIONS D'ÉTABLISSEMENT DE LA TRIANGULATION

1° LIGNES GÉNÉRALES

Avant d'entrer dans le détail des opérations, il est nécessaire d'exposer les idées qui ont présidé à ce travail.

Dans l'esprit des membres de la Commission, — unanimement, — il fut reconnu qu'un travail de revision et de correction de la carte actuelle, étant donnés la complexité des inexactitudes et le grand nombre d'oublis, ne pouvait matériellement pas s'exécuter. Dans l'impossibilité de rectifier les planches originales elles-mêmes, il eût fallu faire éditer une carte reproduisant celle du Dépôt de la Guerre avec les rectifications, ce qui aurait produit une œuvre bâtarde et sans unité. On estima donc préférable de faire un travail entièrement neuf, n'empruntant que le strict minimum au Dépôt de la Guerre, c'est-à-dire la base de départ, et de le décomposer en géodésie d'une part et topographie de détail d'autre part, la seconde se basant sur la première.

Sans chercher l'unité dans les travaux à venir, le vœu

fut toutefois émis d'opérer avec des méthodes qui pussent s'étendre à l'ensemble des Alpes. C'est ainsi que la carte au 20 000°, préparée par MM. Vallot dans le massif du Mont-Blanc, fut prise comme le type idéal de ces ouvrages. Les méthodes d'opération sur le terrain, puis de calculs dans le bureau, sont celles qui résultent de la grande expérience qui a présidé à ce levé sur lequel il est nécessaire de revenir chaque fois que l'on fait allusion à une belle œuvre de géodésie alpine.

Quant au choix des points trigonométriques, le but cherché étant particulièrement alpin, il était tout naturel de déterminer, avec la plus grande précision possible, tous les sommets de pics, d'aiguilles ou de cols dont la littérature des alpinistes de ces vingt dernières années a maintes fois demandé les données exactes. Ces points, beaucoup plus rapprochés les uns des autres que ceux du 1er, du 2e et du 3e ordre de l'État-Major, sont évidemment les plus intéressants pour notre connaissance des montagnes. Ce sont eux qui déterminent les arêtes schématiques des chaînes, dont le sous-détail peut encore s'exécuter avec une très suffisante précision au moyen des *perspectives photographiques*. Mais, indépendamment de leur fixation, il est nécessaire d'avoir la détermination exacte de nombreux points dans les vallées, ainsi que d'autres à mi-hauteur reliant ces deux catégories sur les crêtes et dans les thalwegs.

Il faut de plus considérer que la question des altitudes est une des préoccupations principales du montagnard. Or l'on sait que l'on ne peut obtenir des altitudes sûres que si l'on est en possession d'une rigoureuse planimétrie.

En conséquence, les différents travaux, tant sur le terrain que dans le bureau, eurent lieu dans l'ordre chronologique suivant.

Avant la campagne d'été, une étude approfondie de la représentation de la carte au 80 000° et de tous les articles parus dans les Annuaires des différentes sociétés alpines me permit de déterminer les points à fixer tant pour leur importance géographique, comme jalonnant les lignes de partage des eaux principales ou secondaires, que pour leur importance comme sommets intéressant l'alpinisme.

Indépendamment de ces points, une série de stations dans la vallée ou sur les pentes fut projetée pour compléter le canevas de la triangulation, tout en laissant le choix de l'emplacement définitif à l'inspiration du moment. Les points géodésiques du 1ᵉʳ ordre et du 2° ordre du Dépôt de la Guerre furent naturellement compris parmi les points à stationner.

Dans les 170 kilomètres carrés de terrain environ que couvre ma triangulation, il ne se trouvait qu'une seule station du premier ordre du Dépôt de la Guerre : le sommet du Rocher-Blanc des Sept-Laux, appelé également Rocher de la Pyramide [1].

Parmi les points du 2° ordre du Dépôt de la Guerre, je ne pus en retrouver que trois avec certitude : en premier lieu le sommet du Grand-Rocher, à l'Ouest du Grand-Thiervoz ; ensuite, sur sa crête continuée vers le Sud, l'extrémité de celle-ci où j'ai reconnu l'emplacement exact de la Croix de Merdaret [2] dominant le col du même nom ; enfin, au Sud du col de Merdaret, l'éminence appelée Pincerie où quelques pierres plates disposées en cercle représentaient, sans aucun doute, l'assise inférieure du signal de l'État-Major.

Dans le projet primitif, les trois signaux : Rocher-Blanc, Grand-Rocher, Merdaret, devaient servir de points de départ à tout mon travail, puisque l'emplacement des signaux que j'y remaniais ou faisais construire à nouveau était nettement identifié avec celui de l'État-Major. Mais, empiétant dès maintenant sur la suite des faits, je dirai que ce projet ne put être réalisé, car, lors des

1. Cette appellation vient précisément de la pyramide géodésique établie lors de l'exécution de la triangulation générale de la France ; cette pyramide avait à ce moment 4ᵐ,40 de hauteur, qui se trouvaient réduits à 1ᵐ,90 lors de ma station. Je l'ai reconstituée à 3 mètres de hauteur.

2. La croix n'existait plus ; mais l'excavation de son pied était encore très nettement visible.

recherches ultérieures, il fut reconnu que les points du 2ᵉ ordre du Dépôt de la Guerre n'étaient pas rattachés directement au signal du Rocher-Blanc.

Il fut donc impossible de partir d'une base Grand-Rocher—Rocher-Blanc, ou Merdaret—Rocher-Blanc. Comme, d'autre part, le côté Grand-Rocher—Merdaret eût été trop court, le côté de départ ultérieurement choisi se trouva être Rocher-Blanc des Sept-Laux—Pic du Frêne, tous deux stations du 1ᵉʳ ordre du Dépôt de la Guerre. Sa longueur, qui dépasse 14 kilomètres, peut donc être considérée comme connue avec une grande précision. J'étais ainsi dispensé de rechercher une nouvelle base.

Je reviendrai d'ailleurs avec plus de détails sur le côté de départ, lorsque je passerai en revue l'établissement du travail de bureau.

2° OPÉRATIONS SUR LE TERRAIN

Je reprends la suite chronologique des faits.

Dès que j'eus ainsi projeté provisoirement la triangulation, je me mis en rapport avec le guide Joseph Baroz, du hameau du Grand-Thiervoz, qui me semblait devoir le mieux connaître les courses de cette région et aussi sa toponymie. Je l'envoyai construire un certain nombre de grands signaux ou pyramides en pierres sèches de 1ᵐ,70 à 2 mètres de hauteur, principalement sur les hautes pointes et sur les cols du massif d'Allevard.

Quelques autres auraient dû également être construits ; mais l'inclémence du temps retarda Joseph Baroz ainsi que son compagnon, Joseph Rey, chasseur de chamois, que je m'attachai également pour toute ma campagne comme porteur de mes instruments géodésique et photographique.

D'ailleurs le système de signaux fut complété, lors de mes stations, par une nouvelle série de pyramides, ce qui porta leur nombre total à une vingtaine environ.

De plus, je fus heureux de pouvoir utiliser les cairns ou petites pyramides encore visibles sur certains sommets, comme par exemple au Rocher Badon, à la Pyramide-Inaccessible, au Pic des Cabottes, au Pic Bunard, etc.

J'arrivais le 14 juillet 1903 à Allevard, où je trouvais Joseph Baroz. Dès le lendemain, nous commencions les opérations par la station du Mont Mayen.

J'indiquerai tout d'abord les méthodes suivies dans l'établissement d'une station géodésique de montagne ; ces méthodes sont d'ailleurs celles qui ont été préconisées par M. Henri Vallot.

Un point dit géodésique ou trigonométrique, de quelque nature qu'il soit, doit être un repère fixe — ou du moins supposé tel — dont l'emplacement sur l'ellipsoïde terrestre est donné par ses coordonnées géographiques — latitude et longitude — et par son altitude au-dessus du niveau de la mer. Sa détermination exige des mesures plus ou moins minutieuses suivant le degré de précision demandé et l'application à ces mesures de calculs faisant appel à la géométrie, à la trigonométrie et même aux probabilités.

La station faite sur un sommet élevé dans les triangulations de haute montagne comporte les opérations suivantes :

Déterminer un point fixe servant de signal ;

Établir l'instrument en un point voisin de ce signal, et déterminer les éléments qui permettront de réduire au centre les observations faites ;

Niveler rigoureusement le théodolite et, dans le cas actuel, faire dans chaque tour d'horizon le nombre de lectures nécessaire sur les cercles horizontaux et verticaux. Ce nombre peut varier pour plusieurs raisons, notamment la durée du séjour dont on peut disposer et l'état de l'atmosphère. En effet la station n'est, en général, atteinte qu'après plusieurs heures de marche depuis le gîte, et il faut y arriver à une heure assez matinale afin d'avoir le temps nécessaire pour viser certains sommets qui s'embrument presque toujours, même par les plus belles journées, vers neuf ou dix heures du matin ;

Enfin, la station géodésique terminée, exécuter avant le départ, si le temps le permet, un tour d'horizon photographique qui donnera des documents de contrôle ou d'identification toujours utiles.

Pour perdre le moins possible des précieuses minutes passées sur la cime, j'ai eu soin de préparer à l'avance la liste des visées que je comptais faire. Je la suivis, autant que possible, en tenant compte, toutefois, des modifications que l'aspect des lieux ou la prévision du temps m'inspiraient. En général, disposant de cinq à sept heures de séjour par station, je pus viser de vingt à trente points en opérant sur chacun d'eux trois ou quatre visées azimutales et une visée zénithale.

Dans leur ordre chronologique, les stations principales (primaires ou secondaires) ont été les suivantes :

1° *Mont Mayen*. — Point différent du point géodésique du Dépôt de la Guerre et situé sur l'éperon Nord-Ouest de la crête [1] ;

2° *Montagne de la Petite-Valloire*. — A 100 mètres d'altitude environ plus haut que le chalet inférieur de Valloire ;

3° *Croix de Merdaret*. — A l'extrémité méridionale de la crête reliant le col du même nom au Grand-Rocher. La station est à l'emplacement exact de l'ancienne croix, point géodésique du 2° ordre du Dépôt de la Guerre (point primaire) ;

4° *Mamelon de Pincerie*. — Au Sud du col de Merdaret. Emplacement exact du point du 2° ordre du Dépôt de la Guerre, sur une crête gazonnée ;

5° *Grand-Rocher*. — Sommet le plus élevé de la crête dirigée du Nord au Sud séparant la vallée du Bréda de la vallée du Grésivaudan. Point du 2° ordre du Dépôt de la Guerre, exactement retrouvé (point primaire) ;

---

1. Une dépression profonde sépare ces deux points. Un lac circulaire d'environ 100 mètres de diamètre en occupe le fond et ne présente pas de déversoir apparent.

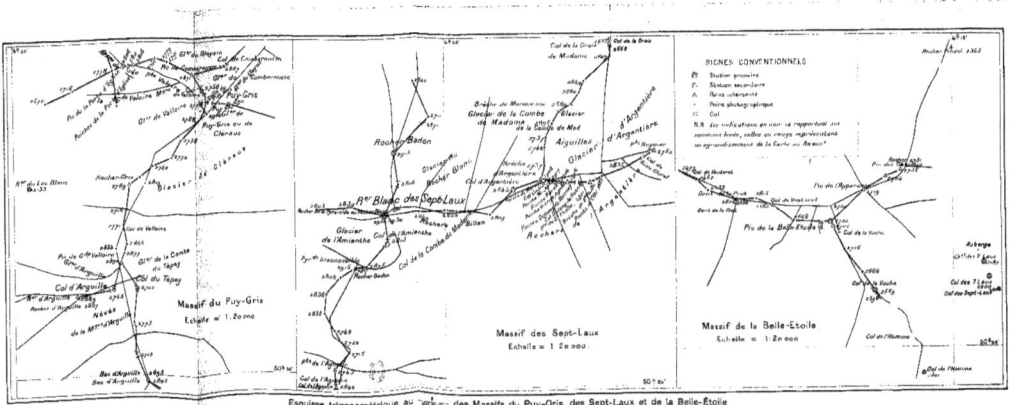

Esquisse trigonométrique au ...... des Massifs du Puy-Gris, des Sept-Laux et de la Belle-Étoile

6° *Crest du Poulet.* — Point saillant de la même crête au Nord du Grand-Rocher et à mi-distance approximative entre ce sommet et le point dénommé à tort Crest du Poulet sur la carte de l'Etat-Major ;

7° *Puy-Gris.* — Point culminant du massif d'Allevard, qui ne fait pas partie des points géodésiques du Dépôt de la Guerre ;

8° *Rocher-Blanc des Sept-Laux.* — Point culminant du massif des Sept-Laux ; identifié avec le point géodésique du 1er ordre du Dépôt de la Guerre. Une des deux extrémités du côté de départ choisi dans le présent travail (point primaire) ;

9° *Rocher Badon.* — Sommet important du massif des Sept-Laux, situé à l'extrémité Nord de l'arête qui le relie au sommet précédent. Complètement différent du point porté avec ce nom sur la carte de l'Etat-Major ;

10° *Pic de la Belle-Étoile* (sommet Nord). — Point central, mais non le plus élevé, de la chaîne du même nom ;

11° *Col de la Vache.* — Dépression située sur la chaîne dirigée du Nord au Sud se détachant du sommet précédent et ayant des vues sur tout le revers occidental du massif des Sept-Laux.

Indépendamment de ces stations, dont la durée a varié de cinq à sept heures, j'ai stationné à un certain nombre de points fixés par relèvement utilisés également pour des visées d'intersection.

L'ensemble des points pouvant être qualifiés de points trigonométriques s'élève à 81 ; il y a en outre 5 points déterminés par deux visées seulement dont les éléments provisoires ne sont donnés que sous réserve.

Les points relevés[1] sont déterminés par quatre visées

1. Un point *relevé* est un point déterminé uniquement par des visées dirigées de ce point, où l'on a stationné, sur des signaux connus de position.

Un point *intersecté* est un point déterminé uniquement par des visées d'intersection.

Un point *recoupé* est un point mixte déterminé partie par des visées issues d'une ou plusieurs autres stations et dirigées sur ce point, partie par des visées issues de ce point et dirigées sur deux ou plusieurs signaux connus de position.

au minimum et les points intersectés par trois. La plupart de ces derniers l'ont été par un nombre plus considérable, s'élevant souvent à sept ou huit.

3° OPÉRATIONS DE BUREAU

Ces opérations ont été les suivantes :

Établissement d'un canevas provisoire au 20 000°, basé, pour les points de départ, sur les coordonnées géographiques obligeamment communiquées par le Service géographique de l'Armée ;

Placement, sur ce canevas, de tous les points trigonométriques, exécuté en principe au moyen du rapporteur et des angles azimutaux, mais en se servant, dans la plupart des cas, à cause de la grande longueur graphique des côtés, de la résolution de triangles provisoires. Cette construction est seulement approximative, puisqu'il n'est pas tenu compte de la réduction au centre du signal et que par suite certains points peuvent être déplacés d'une façon appréciable de leur position vraie ; mais elle est suffisante pour fournir les éléments de la réduction au centre, qui ne nécessite qu'une valeur approchée de la distance des points entre eux ;

Calcul des réductions nécessaires pour ramener au centre les angles azimutaux moyens.

Choix du côté de départ. — On dispose alors des éléments pour le travail définitif, qui doit débuter par le choix du côté de départ. Il a semblé rationnel d'adopter le côté de premier ordre : Pic du Frêne—Rocher-Blanc, appartenant au prolongement du parallèle moyen de la grande triangulation française ; le point Rocher-Blanc est une de mes stations primaires, et le point Pic du Frêne, visé de trois de mes stations, est supposé bien identifié avec le même point du Dépôt de la Guerre[1].

1. Je compte, dans ma campagne projetée pour 1904, stationner au Pic du Frêne pour vérifier le fait.

Le quadrilatère Rocher-Blanc, Pic du Frêne, Grand-Rocher, Croix de Merdaret, fut compensé par la méthode de calcul généralement usitée. Ce quadrilatère est mis en évidence sur le canevas de la triangulation joint à cet article. L'erreur commise sur la somme des angles du triangle Rocher-Blanc des Sept-Laux, Grand-Rocher, Croix de Merdaret, ressortant des lectures azimutales, n'est que de 5 milligrades en trop.

Les longueurs des côtés primaires se trouvent ainsi fixées :

Pic du Frêne — Rocher-Blanc des Sept-Laux = 14,224ᵐ,0. C'est le côté de départ de ma triangulation ; il est déduit des opérations géodésiques de la Carte de France.
Rocher-Blanc des Sept-Laux — Grand-Rocher = 8233ᵐ,2.
Rocher-Blanc des Sept-Laux — Croix de Merdaret = 7114ᵐ,8.
Croix de Merdaret — Pic du Frêne = 14 481ᵐ,3.
Grand-Rocher — Pic du Frêne = 12 808ᵐ,4.

Planimétrie. — La triangulation étant établie sur ces bases de départ, la situation de chaque point trigonométrique a été ensuite obtenue en opérant successivement sur chacun d'eux. Ceux dont l'importance était la plus grande, c'est-à-dire les stations secondaires, furent déterminés les premiers, puis vinrent les points intersectés, et en dernier lieu les points relevés.

La méthode employée, dite « méthode par compensation graphique », est empruntée à M. Hatt, ingénieur hydrographe de la marine.

Voici en quoi elle consiste :

Lorsqu'il s'agit de déterminer un point trigonométrique, les visées partant de points fixés avant lui, ou les visées dirigées de ce point sur des points déjà déterminés, donnent par leur combinaison des triangles d'intersection ou de relèvement. Dans le premier cas, l'on connaît, pour résoudre le triangle, le côté opposé au point cherché et les deux angles adjacents à ce côté ; on en déduit les autres éléments, parmi lesquels les distances du point à établir aux deux points déjà déterminés. Dans le second cas, — celui du relèvement, — l'on ne connaît que l'angle

au sommet cherché et le côté opposé. On ne peut donc
fixer la position du point qu'en opérant sur trois points
déjà déterminés, opération qui est connue sous le nom
de *problème de la carte*. La situation du point est fournie
par l'intersection des segments capables des deux angles
mesurés, représentés par leur tangente.

Théoriquement, il serait superflu de faire plus de deux
visées dans un cas et trois dans l'autre ; pratiquement,
au contraire, c'est indispensable. En effet, on peut affirmer
que toute visée — même en l'absence de faute — comporte
des erreurs systématiques ou accidentelles ; on ne pourra
donc espérer se rapprocher de la vérité qu'en multipliant
suffisamment le nombre de ces visées. En exécutant donc
les calculs qui traduisent directement les observations,
il n'arrivera jamais que les différentes valeurs obtenues,
pour un même côté, seront identiques. La méthode de
compensation graphique permet de déterminer la longueur la plus probable à adopter. En effet, les calculs
ne conduisant pas à un point unique, les droites représentant les visées forment un polygone qu'il est facile
de représenter sur le papier à une échelle plus ou moins
grande (1 centimètre ou même 5 centimètres par mètre
par exemple), pour en prendre le centre en se laissant
guider par les principes de la théorie des erreurs.

M. Hatt a donné la solution de ce problème, sur lequel
je n'insisterai pas davantage[1]. Le point étant défini
graphiquement, il est facile d'appliquer, à l'angle déterminant chacune des droites du polygone, une correction (en général très faible), de façon à les ramener toutes
à passer par ce point. Les angles étant ainsi tous corrigés, les longueurs des côtés sont données par de nouvelles résolutions de triangles dont la vérification se fait
immédiatement par la concordance des résultats avec
ceux fournis par le graphique.

1. M. Henri Vallot a exposé la méthode de M. Hatt dans le tome I"
des Annales de l'Observatoire du Mont-Blanc. Je renvoie ceux que
cette question peut intéresser à cet article, dans lequel l'auteur a
donné quelques développements nouveaux à l'application de cette
méthode.

Je tenais à entrer dans cette rapide description de la méthode pour expliquer comment certains points de la triangulation ont été déterminés par huit ou dix visées. Cette méthode a le grand avantage de rendre compte à chaque instant de l'erreur commise, et de traduire matériellement la visée aux environs du but sur lequel elle est dirigée.

Les points trigonométriques sont donc déterminés par plusieurs triangles dont les côtés et les angles sont définis de la façon indiquée ci-dessus. Un tableau général récapitulatif de tous ces éléments a été établi pour la triangulation actuelle. Les longueurs des côtés y sont données au décimètre, les angles à dix ou cinq secondes décimales.

Mais ces éléments qui définissent les points les uns par rapport aux autres sont insuffisants pour les placer sur l'ellipsoïde terrestre. Une nouvelle série de calculs partant des positions des points de départ extraites de la grande triangulation française a donc donné pour chacun d'eux leur position sur cet ellipsoïde, c'est-à-dire leurs coordonnées géographiques, dont la liste se trouve à la fin de cet article.

Altimétrie. — La planimétrie terminée, les opérations ont ensuite porté sur les altitudes. Chaque série de visées azimutales ayant été accompagnée sur le terrain d'une visée zénithale, tout point intersecté ou relevé s'est trouvé doté de plusieurs nombres oscillant autour de l'altitude vraie.

Dans chaque cas, le calcul est conduit de façon à obtenir la dénivelée entre le point stationné et le point visé. La distance de ces deux points est d'abord corrigée du déplacement de l'appareil par rapport au signal et de l'accroissement de cette distance avec l'altitude. Cette seconde correction est indispensable, car il faut tenir compte de ce que la surface de la terre étant, autour d'un point, assimilable à celle d'une sphère, la distance entre deux droites, dites verticales, n'est pas la même au niveau

de la mer et à un niveau plus élevé puisque ces deux droites se rencontrent au centre de la terre et par suite sont convergentes. Or, toute la planimétrie a ramené les longueurs au niveau de la mer : elles sont donc toutes inférieures à la réalité d'une quantité proportionnelle à leur grandeur et à leur altitude. D'autre part, tous les angles zénithaux obtenus sur le terrain doivent être corrigés de l'erreur de collimation de l'instrument. Cette erreur se déduit de l'étude de l'ensemble des visées réciproques de deux stations du levé. La formule $H = Ktgi$ donne H, c'est-à-dire la dénivelée « brute » dans laquelle K est la distance du point stationné au point visé et i l'angle au-dessus ou au-dessous de l'horizon, ces deux données ayant été préalablement corrigées comme il vient d'être dit. La dénivelée exacte dN est obtenue en corrigeant H de la hauteur des signaux au-dessus ou au-dessous de l'axe du théodolite, ensuite de la sphéricité et de la réfraction dont l'importance est souvent considérable, puis d'une correction toujours très facile nécessitée par le défaut de parallélisme des verticales dans les deux stations.

J'ai procédé pour les altitudes comme pour les positions planimétriques, c'est-à-dire en partant de points établis d'une façon précise et opérant successivement de proche en proche[1]. Les points de départ, basés sur les altitudes du Dépôt de la Guerre, résultent d'une compensation entre celles-ci et les dénivelées trouvées par mes visées pour les stations du Rocher-Blanc des Sept-Laux, du Grand-Rocher, de la Croix de Merdaret et du Mamelon de Pincerie.

Les altitudes de départ (sol au pied des signaux) ont été fixées ainsi :

> Rocher-Blanc des Sept-Laux. . . . . . . 2929^m,6
> Grand-Rocher. . . . . 1929^m,8

1. Toutes les altitudes données devront être corrigées de l'écart constant qui pourra être reconnu lorsqu'on rattachera les altitudes des points de départ au nivellement général de la France, plus récent et plus précis que le nivellement géodésique du Dépôt de la Guerre.

Croix de Mardaret. . . . . 1840",9
Mamelon de Pincerie. . . . . 1823",8

L'altitude de chaque point trigonométrique a été l'objet d'un calcul de moyennes entre tous les chiffres obtenus quel qu'ait été leur nombre, l'écart des valeurs extrêmes a rarement dépassé 2 mètres, ce qui permet de supposer qu'abstraction faite de la correction éventuelle dont il a été question ci-dessus, ces altitudes peuvent être considérées comme exactes à 1 mètre près[1].

Ce résultat est dû surtout à la longueur modérée des visées et à une détermination très rigoureuse de l'erreur de collimation de l'éclimètre employé.

Levés photographiques. — La triangulation étant ainsi terminée en planimétrie et en altimétrie, il en résulte sur l'étendue de terrain étudiée, d'environ 170 kilomètres carrés, un semis de points dont les relations ne sautent pas aux yeux. Un tracé schématique, il est vrai, pourrait les relier de façon à constituer les lignes de séparation principales des vallées, puisque je me suis appliqué à fixer, parmi ces points, presque tous les sommets et cols de ces arêtes. Mais, ayant emporté dans toutes les ascensions la jumelle stéréoscopique Belliéni de 0m,115 de distance focale, j'ai pu prendre toute une série de panoramas photographiques complets ou de fractions de panoramas, dont les épreuves, soumises aux méthodes de levés par les perspectives, ont permis de déterminer les lignes d'arêtes intermédiaires entre les points géodésiques.

1. Comme exemple, je transcris ici le calcul déterminant l'altitude du Rocher d'Arguille, au sommet duquel cependant aucun signal n'était établi :

ROCHER D'ARGUILLE (Sol rocheux).

Visé du Signal de Petite-Valloire. 2888m,9
Visé de la Croix de Mardaret. 2889m,5
Visé du Grand-Rocher. 2888m,8
Visé du Puy-Gris. · . · . . . . 2889m,0   Moyenne : 2,888m,7
Visé du Rocher Badon. 2888m,0
Visé du Rocher-Blanc des Sept-Laux. 2888m,3
Visé du Pic de la Belle-Étoile (Sommet Nord). 2888m,7

Altitude adoptée en mètres : *Rocher d'Arguille* (Sol) 2,889 mètres.

Des tours d'horizon photographiques complets ont été pris aux sommets du Puy-Gris, du Pic Nord de la Belle-Etoile et du Rocher-Blanc des Sept-Laux ; des tours d'horizon partiels l'ont été au Mont Mayen, au Grand-Rocher, au col de Merdaret, au col d'Arguille, au col de l'Homme, au col des Sept-Laux. Enfin différentes vues isolées ont été prises dans plusieurs stations trigonométriques.

Les épreuves 8 × 9 agrandies, en général en 30 × 40 [1], ont permis de déterminer plus de 60 nouveaux points sur les arêtes reliant les pics ou cols déterminés par la triangulation.

L'appareil employé, muni d'objectifs Zeiss, comporte un décentrement vertical de 17 millimètres ; il est pourvu d'un magasin de 24 plaques. Les clichés ont été exécutés avec des écrans jaunes ralentissant douze fois. Le temps de pose a varié de 1/15 de seconde à une seconde [2].

Comme il est difficile de donner, dans le format de

1. Ces dimensions correspondent à une distance focale de 0m,517, reconnue d'ailleurs trop grande pour l'application au levé par les perspectives ; la meilleure dimension serait le 13 × 18, ou encore le 18 × 24, correspondant respectivement à des distances focales de 0m,23 et 0m,31.

2. J'ai continué également avec cet appareil les études de téléstéréoscopie commencées l'année précédente. Passant des distances variant de 4 à 8 kilomètres aux éloignements considérables des panoramas pris de sommets élevés, j'ai eu notamment la chance de réussir un téléstéréoscope sur la chaîne du Mont-Blanc à plus de cent kilomètres de distance moyenne. Les deux téléphotographies qui le composent ont été prises à huit jours d'intervalle du sommet du Puy-Gris et du sommet du Rocher-Blanc des Sept-Laux, c'est-à-dire à environ 1,850 mètres d'écartement mesurés sur une perpendiculaire à l'axe médian de visée. Quoique le Puy-Gris soit plus rapproché que le Rocher-Blanc de six kilomètres du massif du Mont-Blanc, les yeux superposent sans difficulté les deux épreuves. La pose a duré deux secondes avec un écran jaune ralentissant douze fois ; l'appareil était placé sur le pied du théodolite, beaucoup plus stable que le pied photographique pliant. Ce téléstéréoscope met en relief les six plans suivants : en avant l'Aiguille des Glaciers et le glacier des Glaciers, — en deuxième ligne, l'Aiguille de Trélatête et le Dôme de Miage, — en troisième, l'Aiguille de Bionnassay, le Dôme du Goûter, l'arête des Bosses, le sommet du Mont-Blanc, le Mont-Blanc de Courmayeur, les Aiguilles-Grises, — en quatrième, l'Aiguille du Goûter d'une part et d'autre part l'Aiguille-Blanche et l'Aiguille-Noire de Peuteret, — en cinquième, la Dent du Géant et le Mont Mallet, — en sixième, les Grandes-Jorasses.

l'*Annuaire*, l'ensemble du levé géodésique effectué, à une échelle suffisante pour mettre en valeur les détails, je joins à cet article une planche comprenant trois cartons représentant trois des parties principales de ce levé. Le premier comprend les environs du Puy-Gris, centre de ce qu'on est convenu d'appeler le massif d'Allevard ; le second, la partie orientale et septentrionale du massif des Sept-Laux ; le troisième donne la région principale du massif de la Belle-Etoile. Ces trois cartons, exécutés à l'échelle du 20 000e, donnent en traits noirs le tracé réel des chaînes. Les traits rouges reproduisent le tracé agrandi de l'édition la plus récente de la carte de l'Etat-Major.

II

ÉTUDE DESCRIPTIVE — POINTS PRINCIPAUX DE LA TRIANGULATION

1° BIBLIOGRAPHIE

Dans l'étude qui va suivre, j'aurai souvent l'occasion de citer les travaux des alpinistes qui se sont occupés de ces massifs. Je réunis ici les titres des principaux articles ou notices parus dans les diverses publications alpines.

1° *Annuaires du Club Alpin Français.*

1880. — Explorations dans le massif d'Allevard, par M. H. Ferrand.

1882. — Dix jours en Dauphiné et en Oisans. Le Puy-Gris, 2940 mètres (massif d'Allevard), par M. Ch. du Boys.

1884. — Le Bec d'Arguille (2887 mèt.). Première ascension, par M. G. Bartoli.

1889. — Rochers et Aiguille de l'Argentière du massif de Belledonne et des Sept-Laux, par M. Cadiat.

1890. — La chaîne des Sept-Laux, par M. H. Dulong de Rosnay.

1892. — Première ascension du Pic Central ou Grand Pic d'Argentière, par M. H. Dulong de Rosnay.

1893. — Escalades de rochers dans le massif d'Allevard, par M. H. Dulong de Rosnay.

2° Revue Alpine de la Section lyonnaise du Club Alpin Français.

1899. — Notes sur le massif d'Allevard, par MM. Maurice Paillon, d'Aiguebelle et H. Ferrand.

3° Annuaire de la Société des Touristes du Dauphiné.

1885. — Ascension du Puy-Gris par un nouveau passage, par M. H. Ferrand.

1889. — Une ascension nouvelle : l'Aiguille de Marcieu, par M. de Marcieu.

1898. — Au sujet de la Pyramide-Inaccessible et de l'altitude du Puy-Gris, par M. P. d'Aiguebelle.

1900. — Les montagnes de la Belle-Etoile, par M. L. Béthoux.

4° Revue des Alpes Dauphinoises (Société des Alpinistes Dauphinois).

1899. — Ascension du Grand-Charnier, par M. Béthoux.
1900. — Une première aux Pattes, par M. Béthoux.

Guide Joanne du Dauphiné (éditions 1899 et 1902).

Allevard et ses environs (route 13).
Les Sept-Laux (route 14).

2° DÉLIMITATIONS GÉNÉRALES DES MASSIFS

Il est nécessaire d'établir tout d'abord les limites de chaque massif telles qu'elles paraissent découler de l'as-

Pic des Cabottes.

Rocher d'Arguille.

Puy-Gris.
Pic de l'Apparence.
(au premier plan)
Pic du Grand-Gravain.
Col de Valloire.

Pic de Comberousse.

Mont-Islanc.

Pointue de la Porte d'Église.
Pic de la Porte d'Église.

Massif du Frêne.

Le massif d'Allevard et le Mont-Blanc depuis le Pic de la Belle-Étoile : fraction d'un agrandissement 30×40 d'un cliché 8×9 ;
photographie de M. P. Helbronner.

pect physique des formes extérieures du terrain et de la nature géologique du sous-sol.

Je définirai donc en premier lieu le Massif dit d'Allevard, le plus important des trois en superficie et en développement d'arêtes principales.

Ses limites sont bien nettes : elles circonscrivent les ramifications qui descendent de part et d'autre de la longue chaîne qui vient aboutir, dans sa partie septentrionale, au confluent de l'Arc et de l'Isère. Cette chaîne, dans sa partie méridionale, présente une dépression assez importante connue comme passage depuis longtemps ; on y a relevé, en effet, les traces d'une voie ancienne plus importante évidemment que les sentiers ordinaires de montagne : c'est le col de la Croix de la carte du Dépôt de la Guerre, que j'appellerai, d'accord avec M. Maurice Paillon, col de la Croix de Madame, pour le distinguer des autres nombreux cols de la Croix que l'on rencontre dans les Alpes. C'est à partir de là que s'étend, vers le Nord, le massif d'Allevard. On fera le tour de celui-ci en descendant à l'Est par le ruisseau de la Croix ; en se laissant aller à la dérive des eaux, on longera le pied de ses contreforts sur plus de la moitié de son pourtour ; on descendra en effet constamment, d'abord par le ruisseau de la Croix, puis par le torrent des Villards qui amènera dans l'Arc, lequel enfin ira se jeter dans l'Isère que l'on suivra jusqu'à Chamousset. Quittant alors les voies fluviales, on prendra la route qui monte à la Rochette et qui conduit à Détrier sur les bords du Bréda. On remontera celui-ci sur presque tout son corps, et on ne le quittera que près de sa source pour suivre le ruisseau de la Combe de Madame qui ramènera au col de la Croix de Madame.

On remarquera que j'ai laissé en dehors de ce tracé la région comprise dans la partie Nord-Ouest du territoire situé dans la boucle formée par l'Isère et par l'Arc. L'allure géologique et l'aspect de la chaîne qui l'occupe ne permettent pas de l'assimiler à la grande arête principale. Elle a en effet un faciès et une direction rappelant

les massifs jurassiques, et d'ailleurs une profonde dépression la sépare des rameaux septentrionaux du massif
d'Allevard.

Dans l'ensemble ainsi délimité, j'introduirai une dis-
tinction nouvelle, et je le diviserai en deux parties d'inégale superficie et d'inégale altitude moyenne. Je consi-
dérerai au Nord le massif que j'appellerai Massif du
Frêne et au Sud celui que j'appellerai Massif du Puy-
Gris, en raison de leur sommet le plus élevé. La limite de
ces deux subdivisions suit tout le cours du Veyton, passe
par la dépression appelée col de Folmartre sur la carte
de l'État-Major, et rejoint à Saint-Colomban-des-Villards,
par le torrent de Comberousse, la ligne extérieure de
démarcation du massif général.

Au point de vue géologique, le massif ainsi délimité
est formé de terrains cristallophylliens comprenant des
gneiss et des leptynites. Le morceau que j'en ai détaché
au Nord-Ouest est, au contraire, de l'étage liasique, pré-
cédant dans l'ordre chronologique le jurassique inférieur.
Si l'on se reporte à une carte géologique générale des
Alpes, on suit ces terrains cristallophylliens sur les bor-
dures occidentale et orientale de la grande chaîne franco-
italienne.

Ces terrains du massif d'Allevard se retrouvent rigoureusement dans leur alignement Sud-Ouest—Nord-Est dans
la chaîne des Aiguilles-Rouges de Chamonix. D'ailleurs,
si deux chaînes peuvent être assimilées dans l'esprit de
l'alpiniste qui compare et qui analyse, c'est bien le massif
d'Allevard d'une part et celui des Aiguilles-Rouges d'autre
part : mêmes directions principales, mêmes roches plus
ou moins délitées, mêmes couloirs à pente quelquefois très raide, mêmes éboulis au pied de ces couloirs,
mêmes formations lacustres[1], mêmes petits glaciers ; et

---

1. Par une coïncidence, explicable d'ailleurs, la Combe de Valloire possède un lac de la Laita ou lac Blanc, de même que les
pentes du Belvédère des Aiguilles-Rouges viennent aboutir à un
lac Blanc. Les eaux de ces lacs tiennent en suspension les mêmes
sables cristallins, qui leur donnent la couleur laiteuse.

poussant la coquetterie fraternelle non seulement dans leur constitution physique et dans leur parure extérieure, mais jusque dans leur dimension, elles ont la même taille, c'est-à-dire mêmes altitudes. Continuant la comparaison au delà de ce qui rentre dans la méthode scientifique, j'invite à considérer le tracé du massif des Aiguilles-Rouges publié par MM. Joseph et Henri Vallot [1], et à le comparer au carton donnant dans cet article le massif du Puy-Gris. On s'apercevra que les positions de l'Aiguille du Pouce en sentinelle avancée extérieure à la crête principale, de l'Aiguille de la Glière, de l'Aiguille de la Floriaz et du Belvédère, correspondent presque exactement aux symétriques (par rapport à un point fictif situé par exemple près d'Albertville) des positions du Puy-Gris, du Pic de Comberousse, du Rocher d'Arguille et du Bec d'Arguille, et que les altitudes respectives sont excessivement voisines [2]. Je ne saurais, d'autre part, mieux classer le genre d'ascensions des cimes principales du massif d'Allevard qu'en disant que, comme durée, variété de passages et difficultés, j'ai trouvé la course du Puy-Gris, par exemple, exactement semblable à celles de la Floriaz ou du Belvédère.

Le second massif étudié — celui des Sept-Laux — est juxtaposé au précédent tout le long du torrent de la Combe de Madame et du ruisseau de la Croix. La chaîne principale se soude à celle du massif précédent au col de la Croix de Madame. A l'Ouest, la limite du massif des Sept-Laux remonte le torrent du Bréda depuis son confluent avec le ruisseau de la Combe de Madame, traverse les lacs Carré, Cottepens, du Cos, passe au col des Sept-

---

1. *Annuaire du Club Alpin Français*, année 1892, p. 16. Il suffit de regarder la carte *à l'envers* pour apercevoir l'analogie que je signale.

2. Altitudes comparées dans les deux chaînes :

AIGUILLES-ROUGES		MASSIF DU PUY-GRIS	
Aiguille du Pouce.	2874	Puy-Gris.	2911
Aiguille de la Glière.	2852	Pic de Comberousse. . .	2871
Aiguille de la Floriaz.	2888	Rocher d'Arguille. . . .	2889
Belvédère des Aiguilles-Rouges. .	2966	Bec d'Arguille.	2893

Laux, suit les lacs du versant méridional et descend, en suivant le ruisseau des Sept-Laux, jusqu'à l'Eau d'Olle qu'elle remonte pour passer au col du Glandon, d'où elle descend par le torrent des Villards jusqu'à l'endroit où celui-ci reçoit le ruisseau de la Croix, limite méridionale du massif d'Allevard. Le sol de ce massif est également constitué par des terrains cristallophylliens sans scission géologique avec les précédents.

Quant au massif de la Belle-Étoile, sa limite orientale est la limite occidentale du précédent. Au Sud elle se continue par l'Eau d'Olle entre son confluent avec le ruisseau des Sept-Laux et son confluent avec le ruisseau de la Coche. Remontant ce dernier, elle passe au col de la Coche, emprunte un instant le ruisseau de Laval et longe à l'Ouest la falaise qui soutient la montagne du Muret et la montagne des Fanges. Rencontrant alors le torrent qui descend sur Theys, des chalets de Merdaret, elle suit son cours en le remontant ; passant le col de Merdaret, elle descend au Bréda par le torrent du Bourgeat.

Cette dernière délimitation ne s'est pas faite sans hésitation dans mon esprit, car elle a l'inconvénient d'englober deux natures de terrains différents dont la séparation passe sur la chaîne principale à un kilomètre au Nord du col de Voutaret. Ces deux terrains sont divisés par une ligne parallèle aux directions géologiques générales de toute la région septentrionale des Alpes françaises qui peuvent se symboliser par la droite Grenoble-Martigny. Tandis qu'au Nord de cette démarcation, le massif de la Belle-Étoile est composé de schistes chloriteux et de micaschistes parmi lesquels se trouvent quelques débris de terrain carbonifère (par exemple au sommet de la Roche-Noire du Pleynet, où une petite exploitation d'ardoises s'est installée d'une façon intermittente), au Sud les terrains sont les mêmes que dans les massifs d'Allevard et des Sept-Laux, c'est-à-dire composés de gneiss et de leptynites.

Mais l'admission dans une subdivision physique com-

CANEVAS AU 100.000ᵉ
de la
TRIANGULATION
du Massif d'ALLEVARD, des SEPT-LAUX
et de la BELLE-ÉTOILE
exécutée en 1903 par P. HELBRONNER

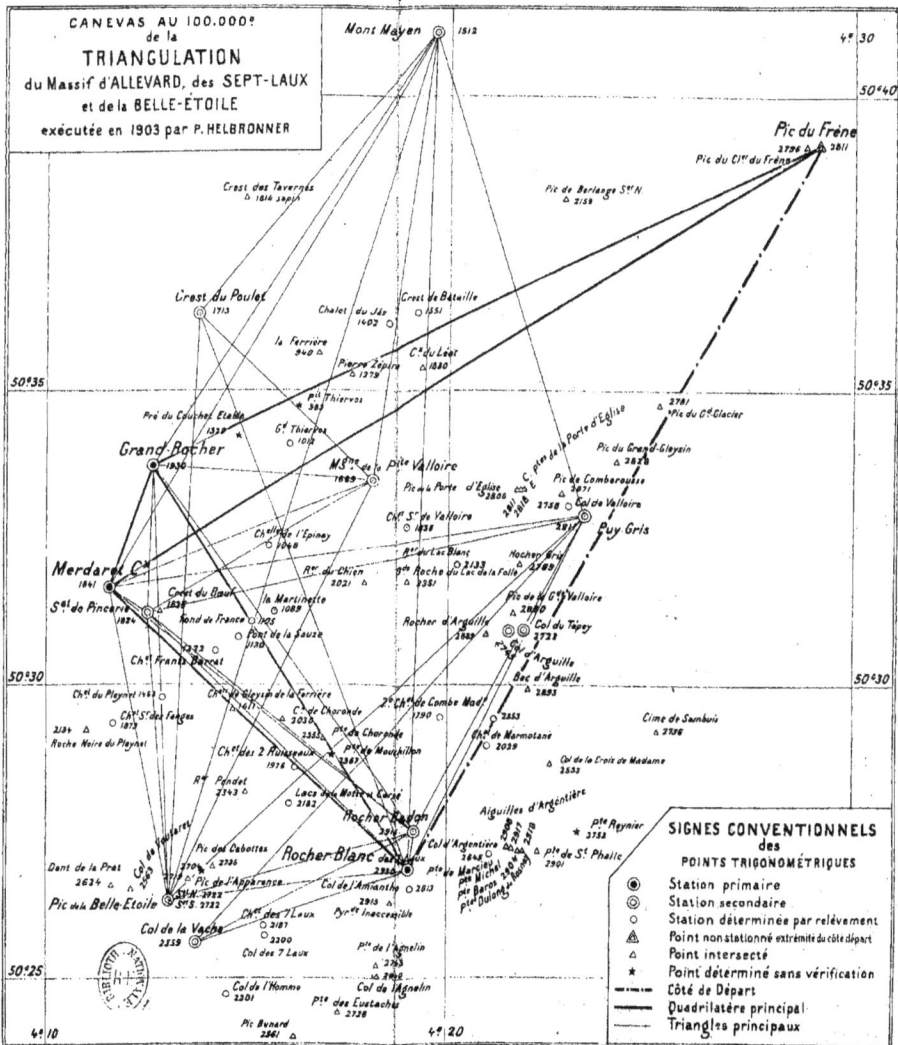

Mont Mayen ⊙ 1512

4°30

50°40

Pic du Frêne
2796 △ △ 2811
Pic du Ct du Frêne

Crest des Tavergés
△ 1816 soph

Pic de Berlange Stᵉ N.
△ 2159

Crest du Poulet ⊙ 1713
Chalet du Jas 1602
Crest de Bataille ○ 1551

la Ferrière 940 △
Pierre Zépire △ 1379
Cᵗ du Léat ○ 1830

50°35   50°35

Pⁱᵗ Thiervos △ 387
Pⁱᶜ du Cᵗ Glacier
△ 2781

Pré du Couchet Etable 1378 ★
Gᵗ Thiervos ○ 1013
Pic du Grand Gleyzin △ 2828

Grand Rocher ⊙ 1830
Mᵗ de la Pⁱᵗ Vallaire ○ 1669
Pic de la Porte d'Eglise 2806
Pic de Comberousse △ 2671
Puy Gris

Pic de la Porte d'Eglise
Chⁱ Sᵗ de Vallaire ○ 1638
Col de Vallaire 2758
2811

Merdaret Cᵗ 1841
Rⁱ du Chien △ 2021
Rⁱᵗ au Blanc △ 2133
Hocherr Bru △ 2769

Sᵗ de Pincarie 1884
Crest du Bœuf 1835
la Martinette ○ 1089
gᵈᵉ Roche du Lac de la Folle △ 2351
Pic de M Gⁱ Vallaire △ 2680

Fond de France ○ 1075
Rocher d'Arguille △ 2269
Col du Tépey 2723

Chⁱ Frante Barcal △ 1333
Font de la Sauze 1030
Col d'Arguille
Bec d'Arguille △ 2893

50°30   50°30

Chⁱ du Pleynet 1163
Chⁱ Sᵗ des Fanges ○ 1873
Chⁱ le Gleyzin de la Ferrière 1441
Pⁱᵗ de Combe Mad 1790
△ 2553
Cime de Sambuis △ 2726

2134 △
Roche Noire du Pleynet
Cᵗ de Charonde 2035
Pⁱᵗ de Charonde
Chⁱ de Marmotane 2039

Chⁱ des 2 Ruisseaux 1976
Pⁱᵗ de Mouchillon △ 2387
Col de la Croix de Madame △ 2533

Rⁱ Péndet △ 2343
Lacs de la Motte et Carré ○ 2182

Rocher Badon
Aiguilles d'Argentière
Pⁱᵗ Reynier ★ 2752

Dent de la Prat 2624 △
Pic des Cabottes 2706 △ 2726
Rocher-Blanc
Col d'Argentière 2847 ○
Pⁱᵗ de St Phalle ★ 2901

Pic de l'Apparence
Sⁱ N. 2922 ★
Sⁱ S. 2732
Col de l'Amianthe 2813
2915 △
Pⁱᵗ de Marcieu
Pⁱᵗ Michel
Pⁱᵗ Baron
Pⁱᵗ Dulong

Pic de la Belle-Étoile
Chⁱ des 7 Laux 2187
Pyrᵗ Inaccessible
Pⁱᵗ de l'Agnelin △ 2743

Col de la Vache 2339 ⊚
○ 2200
Col des 7 Laux

50°25
Col de l'Homme 2201
Col de l'Agnelin
Pⁱᵗ des Eustaches △ 2738

Pic Bunard 2561 △

4°10   4°20

SIGNES CONVENTIONNELS
des
POINTS TRIGONOMÉTRIQUES

⊙ Station primaire
⊚ Station secondaire
○ Station déterminée par relèvement
⬭ Station déterminée extrémité du côté départ
△ Point intersecté
★ Point déterminé sans vérification
— · — Côté de Départ
═══ Quadrilatère principal
——— Triangles principaux

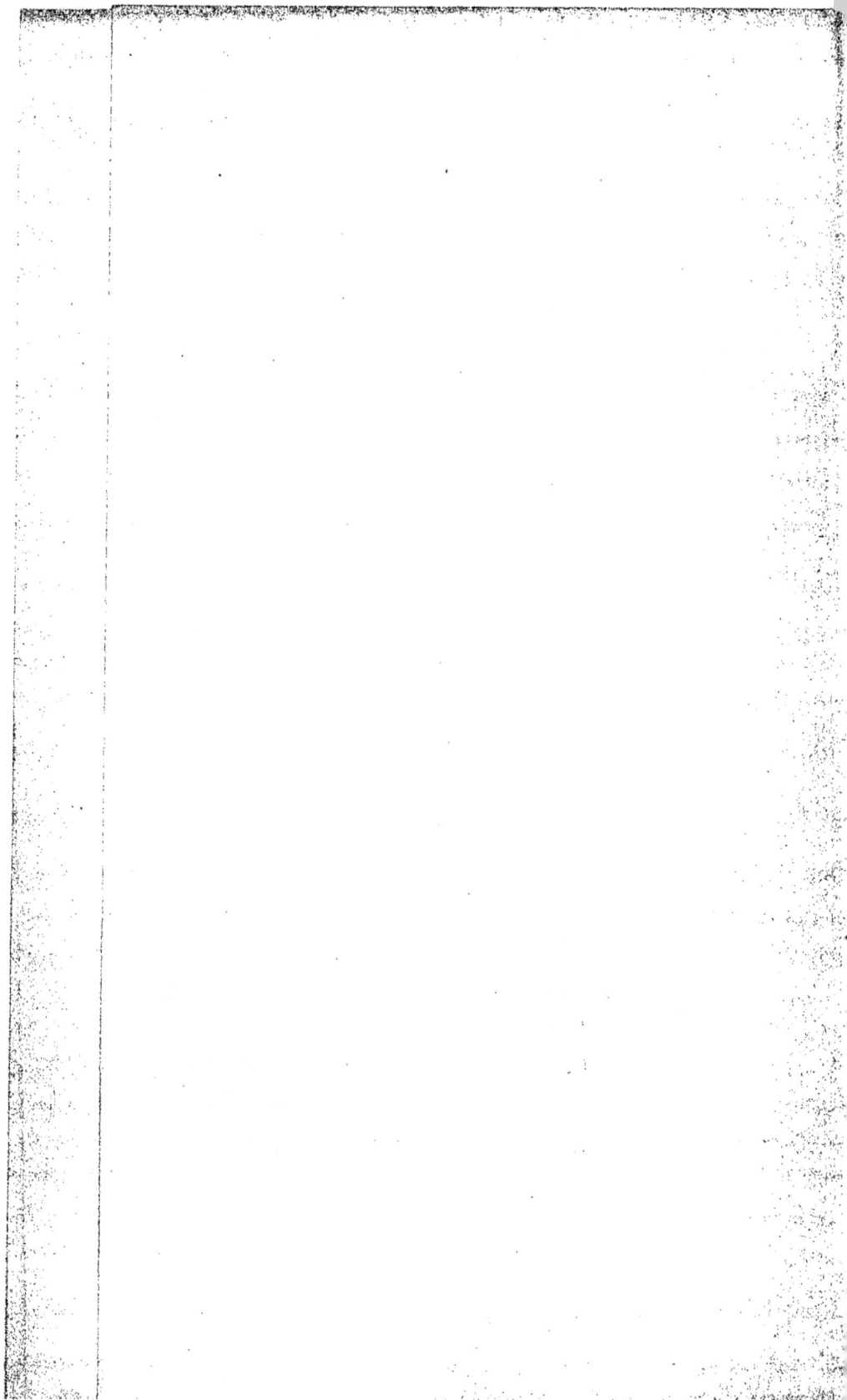

mune de ce défaut d'unité géologique ne peut cependant
y faire rentrer, par effet de voisinage, toute la longue
chaîne dirigée du Nord au Sud qui prolonge la montagne
des Fanges jusqu'à Allevard. Je ne pense donc pas qu'on
puisse incorporer celle-ci dans le massif de la Belle-
Étoile ; et cela pour bien des raisons, dont les principales
sont qu'aucun habitant des vallées ne les a jamais
dénommées ainsi, et que leur nature géologique, en les
laissant se façonner différemment par les intempéries,
leur a donné un caractère de convexités et d'arrondis
que la partie élevée de la chaîne de la Belle-Étoile ne
partage pas.

Je distinguerai donc une quatrième chaîne — secondaire à la vérité — que j'appellerai chaîne du Grand-
Rocher. Elle s'étend sous la forme d'une crête régulière
depuis le col de Merdaret jusqu'à Allevard, en présentant
comme point culminant le Grand-Rocher et comme autres
points saillants le Crest du Poulet et le Crest des
Tavernes. Elle a sa limite méridionale commune avec le
massif de la Belle-Étoile. A l'Ouest l'Isère, à l'Est le
Bréda, au Nord la dépression qu'emprunte la route d'Allevard au Cheylas complètent sa délimitation.

III

1° MASSIF DU FRÊNE

Je ne parlerai pas longuement de cette première région,
sur laquelle mes visées ont relativement très peu porté.
En effet, en plus du Pic du Frêne, les points que j'y ai
intersectés sont peu nombreux. C'est d'abord le sommet
à l'Ouest du Pic du Frêne, dont le nom est Pic du Clocher du Frêne et qu'on a souvent pris pour lui [1]. Il fait

---

1. Cependant dans l'*Annuaire du Club Alpin Suisse* de 1878, M. H.
Ferrand a donné un croquis du cirque de Bens pris de la Grande
montagne d'Arvillard, dans lequel le Pic du Clocher du Frêne est
à sa vraie place, laissant voir à sa droite le Pic du Frêne plus élevé.

partie d'une série de quatre sommets dont chacun mérite d'être déterminé. L'arête qu'ils forment se continue à l'Ouest par la Grande-Bourbière et par les sommets du Grand-Charnier et du Petit-Charnier. Quoique ayant déterminé les positions et l'altitude du Grand-Charnier, je préfère ne pas les publier actuellement, me réservant de les vérifier.

Je ne parlerai donc que du Pic du Frêne et du Pic du Clocher du Frêne.

Pic du Frêne (2811 mèt.). — Etat-Major : Pic du Frêne. — Recueil des coordonnées du Dépôt de la Guerre : Pic du col du Frêne. — Point géodésique du 1er ordre déterminé en 1830 dans la campagne du capitaine Durand, des ingénieurs géographes. — Altitudes du Dépôt de la Guerre : sommet du signal, 2813m,8 ; sol au pied du signal, 2808m,3 [1]. — Grand Clocher du Frêne ou Grand-Crozet du Guide Joanne. — Extrémité Nord de la base de la présente triangulation. N'ayant pas stationné ce sommet, je n'ai pu me rendre compte de la hauteur du signal. Mes calculs m'ont donné une altitude intermédiaire entre les deux altitudes du sol et du sommet du signal du Dépôt de la Guerre.

Vu du Sud et du Sud-Ouest, le Pic du Frêne présente l'aspect d'une tour située à l'extrémité orientale du piédestal qui supporte les quatre pointes de la montagne du Frêne.

Pic du Clocher du Frêne (2796 mèt.). — Sommet immédiatement à l'Ouest du Pic du Frêne. N'est pas signalé sur la carte de l'Etat-Major.

De ce point se détache au Nord-Ouest l'arête qui rejoint les deux sommets occidentaux de la montagne du Frêne et qui continue sur le Grand-Charnier [2].

1. M. Ferrand, dans l'ascension qu'il a faite en 1878, déclare avoir trouvé un grand signal au sommet (*Annuaire C. A. F.*, 1880).

2. Les visées dirigées sur les autres sommets de cette région, notamment sur la Pointe des Pattes, ne sont pas en nombre suffisant pour en permettre la détermination définitive. Je compte y ajouter de nouvelles mesures ultérieurement.

2° MASSIF DU PUY-GRIS

Cette région, déterminée comme on l'a vu plus haut, offre plus d'intérêt que la précédente au point de vue de l'alpinisme par l'élévation de ses sommets et la variété de ses courses. C'est elle qui a donné lieu également, par suite de sa fréquentation, aux plus vives critiques de la carte du Dépôt de la Guerre.

Je l'étudierai en suivant l'arête principale du Nord au Sud, que je quitterai chaque fois qu'un chaînon secondaire conduira à un point intéressant.

Pic du Grand-Glacier (2781 mèt.). — Appelé également quelquefois Pic de Chermelon. — État-Major : Grand-Glésin (2709 mèt.). — Joanne : Pic du Gleyzin ou Grand-Morétan (2789 mèt.).

Ce sommet est pris, en général, dans la littérature alpine, pour la Pointe du Gleysin. Rien ne semble justifier cette interversion, car la Pointe du Gleysin, qui domine le glacier du Gleysin en son milieu, est plus élevée que toutes les autres cimes qui le bordent, ce qui justifie l'appellation donnée aux glaciers des deux versants et au torrent qui s'échappe au Nord.

Cette pointe détache, vers le Nord, une arête qui sépare la vallée du Veyton de celle du torrent de Gleysin (Glaizin sur la carte de l'État-Major, qui écrit pourtant Grand-Glésin). Sur cette arête j'ai déterminé un des sommets de la montagne de Berlange.

Pic de Berlange (Sommet Nord) (2159 mèt.). — Partie saillante de l'arête plutôt que sommet proprement dit, d'ailleurs comme le Pic de Berlange (2250 mèt.) du Dépôt de la Guerre, situé à environ 700 mètres au Sud de celui-ci.

Mont Mayen (1512 mèt.). — État-Major : montagne des Rambaudes. Ce n'est pas le Mont Mayen, point géodésique du 2° ordre, du Dépôt de la Guerre ; mais il est situé sur le prolongement de l'arête qui porte ce nom sur la carte. Ces deux points sont séparés cependant par une profonde dépression boisée, au fond de laquelle se trouve un lac de 100 mètres environ de diamètre. Quoique moins élevé que le point désigné sous ce nom sur la carte au 80 000°, c'est un véritable sommet, celui d'ailleurs qu'on aperçoit d'Allevard. Vu de tous les belvédères des trois massifs d'Allevard, des Sept-Laux et de la Belle-Étoile, il se présente de façon très caractéristique, nettement détaché de la crête qui le réunit à l'arête de Berlange. Il rappelle ainsi la Tête-Noire qui prolonge le Prarion au Nord-Est de Saint-Gervais. Il présente toutefois l'inconvénient, au point de vue géodésique, d'être boisé, ce qui explique que les officiers du Dépôt de la Guerre aient cherché plus loin et plus haut une station dénudée. Ils l'ont trouvée à 1 kilomètre environ vers le Sud-Est (point 1688 de la carte : Station géodésique du 2° ordre du Dépôt de la Guerre).

Le signal que j'ai construit n'est pas rigoureusement au sommet. Il se trouve sur le versant Sud et à quelques mètres du mamelon terminal dans une sorte de clairière. C'est une des stations secondaires de ma triangulation.

Je reprends l'arête principale.

Pic du Grand-Gleysin (2828 mèt.). — Etat-Major : Pointe du Grand-Glacier (2827 mèt.). — Joanne : Pointe du Grand-Glacier ou de Chermelon (2827 mèt.). M. Ferrand avait donné l'altitude 2828 mètres dans l'Annuaire du Club Alpin Français de 1880.

Je ne reviens pas sur les raisons qui motivent la dénomination présente. Le Pic du Grand-Gleysin domine en son milieu les glaciers Nord et Sud et la vallée du Gleysin. De Pinsot, au débouché de cette vallée, c'est lui seul qui attire les regards.

Le glacier de Gleysin véritable est situé sur le versant occidental de la chaîne. La carte de l'Etat-Major ne le mentionne pas. Elle porte d'autre part, sur le versant oriental, un glacier de Glésin qui semble être plutôt un ensemble de névés, contrairement à celui de l'Ouest qui présente des crevasses et une petite moraine.

Entre le Pic du Grand-Gleysin et la Pointe du Grand-Glacier il est indiqué un col du Gleysin [1].

1. M. H. FERRAND, *Annuaire C. A. F.*, 1880, p. 152 — Joanne (Guide

Bec d'Arguille.

Pic du Frêne.
Pic du Clot du Frêne.

Puy-Gris.

Selle du Puy-Gris.

Pic de (de-Villoire.
Pic de Combrousse.

Rocher d'Arguille.

Pics de la Porte d'Église.
Pic de la Porte d'Église.

Rocher Badon.

Le massif d'Allevard depuis le Rocher Blanc des Sept-Laux; photographie de M. P. Helbronner.

Col de Comberousse (2667 mèt.). — N'est pas indiqué sur la carte de l'État-Major. — Joanne : col du Grand-Glacier (2740 mèt.). — Ferrand : col du Grand-Glacier. — Ch. du Boys : col du Grand-Glacier (2750 mèt.). Également nommé quelquefois col du Puy-Gris.

Je justifierai le nom de col de Comberousse par quatre raisons :

1° Il est ainsi communément dénommé par les chasseurs de chamois et les guides de la vallée du Bréda ;

2° Il conduit directement de cette vallée dans le vallon de Combe-Rousse, ou Comberousse, lequel prend son nom des chalets de Comberousse situés sur le passage du col de Folmartre et du col des Fontaines ;

3° Il est situé immédiatement sous le Pic de Comberousse ;

4° Il ne peut s'appeler col du Grand-Glacier, puisque le sommet qui le domine au Nord n'est pas le Pic du Grand-Glacier, qui a permuté par erreur avec le Pic du Grand-Gleysin sur la carte de l'État-Major.

Du col de Comberousse descend, vers le Nord-Est, le vallon de Comberousse occupé, dans sa partie supérieure, par le glacier de Comberousse (État-Major : glacier du Glésin, partie Sud. — Guide Joanne et plusieurs auteurs : glacier du Puy-Gris). Ce glacier est limité, dans sa partie supérieure, par le Puy-Gris, la Selle du Puy-Gris, le Pic de Comberousse, le col de Comberousse, le Pic du Grand-Gleysin. Il se soude vers le Nord avec quelques-uns des névés qui tapissent les flancs du Pic du Grand-Gleysin. La cote que j'ai déterminée pour le col de Comberousse ne peut être rapportée à un point repérable. Elle représente la partie la plus basse de la crête neigeuse, que j'ai visée notamment depuis la station du Mont Mayen d'où elle se présente de face. Ce n'est donc pas un point géodésique.

du Dauphiné) lui donne la cote 2620 et décrit l'itinéraire du passage par ce col de la vallée du Bréda dans la Maurienne. D'autre part, le tracé qui rejoint sur la carte de l'État-Major les deux sommets s'écarte de la réalité ; le Pic du Grand-Glacier est beaucoup plus à l'Est que celui que donne la carte sous le nom de Grand-Glésin.

Pic de Comberousse (2871 mèt.). — Ferrand[1] : Pointe de Comberousse (Annuaire C. A. F., 1889, et Annuaire S. T. D., 1885). — M. du Boys (Annuaire C. A. F., 1882) écrit : « Je crois qu'il faut désigner sous ce nom la pointe formant l'origine du chaînon de Pinsot et placée à l'Est du col du lac Noir, sur la ligne de faîte par conséquent. Cependant on l'applique aussi quelquefois à un autre sommet situé à l'Ouest du col du lac Noir et en dehors de la chaîne principale. » Ce dernier sommet paraît être l'une des pointes de l'arête de la Porte d'Eglise, dont il sera question ci-dessous. — Joanne : Pointe de Comberousse. — Dulong de Rosnay : Sommet de Comberousse (2850 mèt.).

Quoi qu'il en soit, MM. du Boys et Dulong de Rosnay donnent au Pic de Comberousse sa véritable place sur l'arête principale de séparation des eaux. Sur le Pic de Comberousse, j'ai fait construire un signal de 1^m,80 de hauteur. C'est un des points importants de la présente triangulation. Son accès paraît analogue comme allure générale à celui du Puy-Gris. M. Dulong de Rosnay (Annuaire C. A. F., 1893) en a fait l'ascension par l'arête Ouest et est redescendu par la face Sud. L'accès ordinaire serait, paraît-il, par l'arête Est.

J'abandonne au Pic de Comberousse l'arête principale pour suivre l'arête qui descend vers l'Ouest ; celle-ci a été parcourue d'un bout à l'autre par M. Dulong de Rosnay, qui a donné le récit de ce trajet dans l'Annuaire du Club Alpin Français, 1893. C'est l'**Arête de la Porte d'Église**. — Etat-Major : la Grande-Valoire Montagne. — Dulong de Rosnay : Pointes de Comberousse.

Pointe Est de la Porte d'Église (2818 mèt.). — M. Dulong de Rosnay avait fixé son altitude approximative à 2800 mètres. Il y a élevé un cairn.

Pointe centrale de la Porte d'Église (2811 mèt.).— Egalement

1. M. Ferrand signale que les officiers de l'Etat-Major ont rejeté en dehors à l'Est la Pointe de Comberousse ; je crois même qu'ils n'ont pas soupçonné sa personnalité et que, quand ils l'ont vue, ils l'ont confondue avec le Puy-Gris.

gravie par M. Dulong de Rosnay, qui a signalé son altitude comme inférieure vis-à-vis de la précédente.

Cette arête sépare le vallon de la Petite-Valloire du bassin de Gleysin. La carte de l'État-Major fait figurer un ensemble de vallonnements dont l'imprécision se traduit sur le dessin topographique par une représentation hésitante. La même carte présente une crête de la Petite-Valloire et une crête du Léat qui partent du point marqué Puy-Gris. Ces dénominations doivent être conservées pour des crêtes situées en-dessous de celle de la Porte d'Église, mais non celle de la Grande-Valloire Montagne qui appartient à un des sommets de la chaîne principale que l'on retrouvera ultérieurement.

L'arête se termine à l'Ouest par le

Pic de la Porte d'Église (2806 mèt.). — Signalé par M. Dulong de Rosnay, qui l'a gravi depuis le Grand-Thiervoz. Le nom de ce sommet provient de l'aspect ogival qu'il présente de la vallée. A l'Ouest l'arête principale se subdivise en trois autres, dont une au Nord qui correspond à la crête du Léat de l'État-Major.

Reprenant l'arête principale au sommet du Pic de Comberousse et la suivant par l'arête Sud-Est qui en descend, on arrive au

Col de Valloire (2758 mèt.). — N'est pas marqué sur la carte de l'État-Major. — Col du lac Glacé ou de Comberousse (Ferrand, Annuaire C. A. F., 1880). — Col du lac Noir ou du lac Glacé (Du Boys, Annuaire C. A. F., 1882). — Col du lac Glacé 2780 mèt. (Ferrand, Annuaire S. T. D., 1885). — Col de Comberousse ou de Valloire 2780 mèt. environ (Joanne, Dauphiné).

Je justifierai le nom que j'adopte de col de Valloire par ce fait que ce col est l'aboutissant direct de la combe et du glacier de Valloire qui descend entre l'arête décrite ci-dessus au Nord-Ouest et l'arête prolongeant la montagne de la Grande-Valloire au Sud-Est. Le nom du col du lac Glacé serait encore admissible s'il n'y avait qu'un seul lac dans cette combe de Valloire : mais on trouve en dessous du col deux autres lacs, le lac Noir et le lac

Blanc, qui pourraient réclamer une part de parrainage. Il me paraît préférable de ne garder comme nom d'un col que celui de la combe qu'il dessert sur son côté le plus fréquenté. Le nom de col de Comberousse, que lui donne le Guide Joanne du Dauphiné, est justifiable puisqu'il conduit également sur le glacier de Comberousse ; mais celui de Valloire, adopté dans la vallée du Bréda, doit seul rester pour éviter la confusion avec le col de Comberousse déjà décrit et possédant un titre plus net que celui-ci pour justifier cette dernière dénomination.

Le col de Valloire est rocheux. J'y ai élevé une petite pyramide de 0ᵐ,70 de hauteur marquant la station trigonométrique.

L'arête principale décrit ensuite un arc de cercle de petit rayon et prend une nouvelle direction perpendiculaire à celle qu'elle présente au col de Valloire. Elle forme une muraille qui projette excentriquement à son tournant une ramification d'altitude inférieure et couverte par un névé glaciaire tributaire du glacier de Comberousse au Nord. Dans toute sa partie enneigée, qui s'étend horizontalement sur plus de 100 mètres, elle porte le nom de *Selle du Puy-Gris*. Je n'ai pas déterminé son altitude moyenne. Elle s'éloigne fort peu de celle du col de Valloire. En la suivant vers l'Est, on arrive au pied de l'arête occidentale du Puy-Gris. La Selle du Puy-Gris sépare le glacier de Comberousse, au Nord, du glacier du Puy-Gris ou de Cléraus au Sud. M. Ferrand la nomme col de Puy-Gris et lui donne l'altitude de 2760 mètres (Annuaire C. A. F., 1880, p. 170).

Puy-Gris (2911 mèt.). — État-Major, anciennes éditions : Puy-Gri (2992 mèt.). — État-Major, nouvelles éditions : Puy-Gri (2960 mèt.). — H. Ferrand : Puy-Gris (2960 mèt., Annuaire C. A. F., 1880). — Du Boys : Puy-Gris (2940 mèt., Observation barométrique, Annuaire C. A. F., 1882). — H. Ferrand : Puy-Gris (2960 mèt., Société des Touristes du Dauphiné, 1885). — H. Ferrand : Puy-Gris (2911 mèt., Observation barométrique du 13 juillet 1885, Revue Alpine, 1889). — P. d'Aiguebelle : Puy-Gris (2906 mèt., Observation

à la règle à éclimètre, Société des Touristes du Dauphiné,
1898). — Dulong de Rosnay : Puy-Gris (2992 mèt., Annuaire
C. A. F., 1883, p. 54). — Joanne, Guide du Dauphiné, édition 1899 : Puy-Gris (2992 mèt.). — Joanne, Guide du Dauphiné, édit. 1902 : Puy-Gris (2906 mèt.). Tous ces auteurs
signalent l'erreur de la carte de l'État-Major qui place
le Puy-Gris sur l'arête principale de séparation des bas-
sins du Bréda et de l'Arc. Néanmoins la carte du Guide
Joanne exagère en sens inverse, c'est-à-dire place le
sommet du Puy-Gris beaucoup trop loin de la crête principale à l'Est.

Dans le numéro d'avril 1899 de la *Revue Alpine*, M. Maurice Paillon a déjà signalé l'inexactitude de la carte de
l'État-Major relativement à la position du Puy-Gris. Mais
le déplacement de 1'20" environ à l'Est qu'il prétend lui
imposer aurait pour conséquence de le transporter dans
l'autre sens à une distance beaucoup plus considérable
de sa véritable position que celle qu'il voulait corriger.

Station trigonométrique secondaire du présent levé.
Transformation du cairn en signal trigonométrique élevé
de 1m,90 au-dessus du sol du sommet.

J'atteins sur ce sommet un des points les plus intéressants de mon levé géodésique. La constitution de son ossa-
ture, de ses lignes schématiques, a, malgré sa simplicité,
trompé dans le début les officiers qui s'étaient employés
à la fixer en visant sa pointe de stations des chaînes
voisines. C'est ce qui peut expliquer l'erreur considérable
qui a toujours régné dans la représentation de ce nœud
du massif d'Allevard. Vu de la chaîne du Grand-Rocher [1],
du massif du Frêne, du Mont Mayen, le beau triangle
sombre que forme le Puy-Gris a paru faire partie inté-
grante de la silhouette de la crête de séparation des eaux
du Bréda et du torrent des Villards. Vu des chaînes

---

1. Le Puy-Gris n'est toutefois pas visible du sommet culminant
du Grand-Rocher. Il est caché par l'arête des pointes de la Porte
d'Église. Mais à fort peu de distance au Sud il reparaît, et se voit
constamment de tous les points de l'arête de la chaîne du Grand-
Rocher et de la Belle-Étoile.

orientales, c'est-à-dire du massif des Aiguilles d'Arves ou
de la Tarentaise, c'était encore une pointe saillante du
rideau de fond. Ce n'est qu'avec beaucoup de soin et
d'attention que son aspect, depuis le massif des Sept-
Laux et de la Belle-Étoile, aurait pu déceler sa situation
de sentinelle détachée vers l'Est[1]. Quoiqu'il en soit, rien
n'est plus triste que l'histoire de ce sommet — point culminant d'un groupe de belles montagnes — ne trouvant
sur la carte de France qu'une place précaire vouée aux
malédictions des touristes, cherchant partout — non pas
un rocher où reposer sa tête — mais un socle où poser ses
assises rocheuses, changeant plusieurs fois de position
sur la foi des textes rectificatifs des alpinistes, escaladant
des cols, eux-mêmes sans position honorable, et réduit à
se contenter d'une situation vraie à 300 mètres près ! Avec
cela, méconnu, pris pour un autre, ayant servi à édifier
la gloire de rivaux avec qui on le confondait ; si l'on
réfléchit enfin qu'il a subi les phénomènes de dilatation
et de contraction en hauteur les plus effrénés, variant de
près de 100 mètres, on conviendra qu'il doit exister
actuellement peu de pics, sommets principaux de massifs,
aussi mal partagés dans tout le système orographique des
Alpes[2].

Aujourd'hui j'espère avoir arrêté cette pérégrination
dans le sens horizontal et vertical par les coordonnées
géographiques et l'altitude trouvées. J'aurai évidemment
un peu diminué son prestige et fait le chagrin de certains
habitants de la vallée qui le croyaient, sur la foi de la
carte de l'État-Major, plus élevé que le Rocher-Blanc des
Sept-Laux, quoique les chiffres documentés de MM. d'Aiguebelle et Ferrand aient dû les préparer à cette fâcheuse

1. Au moyen d'une épreuve télésteréoscopique prise de la station
trigonométrique du col de Merdaret, avec 22 mètres d'écartement,
j'ai obtenu l'effet du relief qui rejette le Puy-Gris derrière la crête
principale prolongeant au Nord le Pic de la Grande-Valloire et avec
laquelle il se trouve fondu pour les yeux.
2. Dans l'*Annuaire du C. A. F.* de 1880, M. Ferrand considère ce
pic comme vierge. D'autre part, un *Annuaire de la Société des
Touristes du Dauphiné* porte que la première ascension a été faite
par M. le docteur Niepce en 1857.

nouvelle. Cet abaissement ne diminuera pourtant pas sa valeur aux yeux des amateurs de belles courses et de beaux panoramas, car celui qu'on y découvre est de premier ordre [1].

Glacier du Puy-Gris (État-Major : glacier de Cléraus.) — S'étend au Sud de la Selle du Puy-Gris et de l'arête qui porte le Puy-Gris. Son déversoir n'est pas, comme l'indique la carte, dans le vallon de Comberousse, mais bien au Sud, dans la combe de Tépey.

Il y a là, en effet, une des plus graves erreurs à relever sur le travail de l'État-Major : en réalité l'arête qui part du Puy-Gris, en se dirigeant droit à l'Est, rejoint la cime de Monteil.

Non seulement cette arête n'est pas figurée sur la carte de l'État-Major, mais elle s'efface pour laisser passer les langues terminales de deux glaciers dont les eaux rejoignent celles du glacier de Comberousse. Par contre, une arête semblable à un mur, pour sa régularité, part de la chaîne principale au-dessus du point marqué col de Valloire et, faisant un crochet vers le Nord, rejoint le Roc

1. Je n'insisterai pas sur la description de ce panorama, que j'ai eu sous les yeux pendant sept heures par un temps splendide. Il a été déjà décrit, et je n'ajouterai aux nomenclatures données que la Dent-Blanche, le Weisshorn et les Mischabel ; je profiterai toutefois de l'occasion pour faire remarquer qu'une vue panoramique d'un sommet d'élévation moyenne, comme celui-ci, mais éloigné de la grande chaîne des Alpes, est souvent aussi fournie que le panorama d'un sommet plus élevé, mais situé au milieu des grands massifs. Si les premiers plans sont inférieurs de grandeur et de majesté, les plans éloignés sont presque aussi intéressants. Me trouvant quelques semaines plus tard sur le sommet du Wetterhorn par un temps d'une pureté semblable, je me permis, malgré la grandeur évidemment tout autre du spectacle que m'offraient à l'Ouest les rochers et les pentes glacées du Schreckhorn, des Fieschhörner et de l'Eiger, de regretter un instant la liberté de vues lointaines que ces géants confisquaient à l'Ouest et dont j'avais profité sur les sommets d'Allevard.

Malgré mes bagages plus encombrants que ceux d'une ascension normale, et une forte épaisseur de neige fraîche, nous sommes montés facilement par l'arête occidentale. Nous n'avions d'ailleurs pas emporté de corde. L'air était si calme au sommet que j'ai pu installer la grande ombrelle de peintre qui protège la bulle du niveau des variations de dilatation et les yeux de la réverbération du papier blanc éclairé.

de Monteil, d'où part vers l'Ouest un embryon d'arête
dirigée sur deux pitons isolés au milieu des glaciers. Si
les officiers de l'Etat-Major avaient connu la position
détachée du Puy-Gris, nul doute qu'ils n'eussent prolongé
son arête orientale (qui ne peut finir brusquement) jusqu'au Roc de Monteil. Cela leur eût évité le changement
à angle droit qui se manifeste à l'Ouest du point coté
2501, le changement, moins brusque pourtant, de l'arête
peu de temps après son départ de la chaîne principale,
et enfin la figuration complète de cette arête qui n'existe
pas. J'indiquerai plus loin, à propos du col du Tépey,
comment on peut expliquer un des points de départ de
cette erreur.

Revenant à la chaîne principale, on la suit dans une
direction Nord-Est—Sud-Ouest jusqu'à un sommet très net
nommé Rocher-Gris. Cette partie de l'arête a reçu quelquefois le nom de Crête du lac Noir ou du lac Glacé.
Elle présente quelques points saillants et aussi une dépression qui est presque un col, déterminés ici par les perspectives photographiques.

Rocher-Gris (2769 mèt.). — Point 2819 de l'Etat-Major, qui
n'y joint pas de nom. — Joanne : Crêtes du Lac Noir
(2819 mèt.).

Ce point, dont je n'ai pas trouvé de mention dans la littérature alpine, est d'une altitude très nettement supérieure
à celle des crêtes qui l'entourent immédiatement. Sa cime
est probablement vierge. La chaîne principale prend au
Rocher-Gris la direction Nord-Sud ; elle présente une
dépression assez importante qui peut-être serait un passage, et se relève pour former la masse très importante
du

Pic de la Grande-Valloire (2890 mèt.). — Point 2854 de l'Etat-
Major, qui ne le nomme pas. — Joanne : Pic de la Grande-
Valloire (2854 mèt.). — Ferrand : Pointe du lac Noir
(Annuaire C. A. F., 1880). — Du Boys : Pic de la Grande-
Valloire (Annuaire C. A. F., 1882). — Dulong de Rosnay :
Pointe de la Grande-Valloire (Annuaire C. A. F., 1893).

Cette montagne élevée, très puissante d'assises, très

visible de toute la chaîne du Grand-Rocher, est peu mentionnée dans la littérature alpine. On y parle davantage du ruisseau, de la combe et du chalet de la Grande-Valloire. La cime, en est peut-être également vierge [1]. Sa position géographique est d'autre part importante. C'est de son sommet que se détache au Sud-Ouest l'importante ramification qui porte le col d'Arguille et le Rocher d'Arguille et que l'on est tenté de prendre pour l'arête principale : du Grand-Thiervoz c'est en effet elle seule qui s'aperçoit au Sud-Est. En la suivant on trouve d'abord le

Col d'Arguille (2745 mèt.). — État-Major : col de Valloire, sans cote. — Joanne, Guide du Dauphiné : col de Valloire, de Tepey ou Collet de la Folle (2720 mèt., p. 205). — Joanne, Guide du Dauphiné : col d'Arguille (p. 206). — Dulong de Rosnay : col de Valloire (Annuaire C. A. F., 1893). — Ce col, très visible du Grand-Thiervoz, s'ouvre, au haut du glacier d'Arguille [2] (qui ne figure pas sur la carte), entre le Pic de la Grande-Valloire au Nord et le Rocher d'Arguille au Sud-Ouest. Sur la carte, le col de Valloire, qui a évidemment la mission de représenter ce passage, est placé entre le point 2819 au Nord et le point 2854 au Sud. Le Guide Joanne du Dauphiné a traduit ces cotes par des noms et s'est trouvé placer une première fois ce col sous le nom de col de Valloire ou de Tépey entre les Crêtes du lac Noir au Nord et le Pic de la Grande-Valloire au Sud, et une seconde fois à sa vraie place entre le Pic de la Grande-Valloire à l'Est et le Rocher d'Arguille à l'Ouest [3].

1. Je trouve cependant, mais sans détails, l'indication d'une ascension dans la liste des ascensions publiée par l'*Annuaire S. T. D.*, 1889.
2. Signalé par M. Dulong de Rosnay, *Annuaire C. A. F.*, 1893. Ce glacier possède dans sa partie inférieure une moraine considérable sur la crête de laquelle est tracé le sentier du col à son début.
3. Je suis arrivé en effet, après une étude un peu serrée, à comprendre que la description donnée pour le col du Tépey dans le Guide du Dauphiné doit faire double emploi avec celle du col d'Arguille, — seul fréquenté et connu comme passage, — pour lequel cependant aucun détail d'itinéraire n'y est donné. Les guides du pays prétendent d'une part que le passage de la crête n'a jamais été fait entre le Pic de la Grande-Valloire et le Rocher-Gris, et d'autre part la description du premier de ces passages dans le Guide

Le nom de col d'Arguille est justifié par :

1° L'appellation courante et régulière des habitants de la vallée du Bréda, dans laquelle aboutissent ses deux accès directs, puisqu'il est situé sur un chaînon qui s'avance dans l'intérieur de cette vallée ;

2° Sa situation immédiate à l'Est du Rocher d'Arguille et en face du Bec d'Arguille ;

3° Son accès Nord par la combe et le glacier d'Arguille.

Il ne peut, d'un autre côté, porter le nom de col de Valloire, qui appartient au débouché naturel de la combe de Valloire déjà examiné.

Il ne peut, enfin, s'appeler col du Tépey, puisqu'il ne touche d'aucun côté à la combe du Tépey. Si ce nom lui a été attribué par erreur, c'est par suite du fait que, pour passer du versant du Bréda sur celui de l'Arc, il faut franchir un second col appelé col du Tépey, mais placé, celui-là, sur la chaîne principale. En effet l'itinéraire du Grand-Thiervoz à Saint-Colomban-des-Villards comporte la montée de la combe et du glacier d'Arguille, le passage du col d'Arguille, puis une marche de flanc sur la paroi Sud du Pic de la Grande-Valloire qui conduit au grand col du Tépey s'ouvrant à l'Est sur la combe et le glacier du Tépey. La carte de l'État-Major n'ayant pas fait comprendre la nécessité de la traversée de deux cols, on retombe, si l'on ne passe que le col d'Arguille, sur la Combe de Madame qui ramène au Grand-Thiervoz [1].

Joanne, éd. 1899, dit qu'on traverse les pâturages dominés par les escarpements du Rocher d'Arguille au Sud, ce qui ne peut se comprendre pour un passage situé au Nord du Pic de la Grande-Valloire ; enfin il termine en disant qu'on s'élève par une moraine et un petit glacier.

Cette moraine très caractéristique doit être celle du glacier d'Arguille. Dans l'édition 1902 du Guide Joanne, la même confusion subsiste. Les termes exacts sont : « Pâturages pierreux dominés au Sud par le Rocher d'Arguille ».

D'autre part M. Ferrand (Annuaire C. A. F., 1880, p. 151), après avoir délimité le massif de Valloire entre le col de la Croix au Sud et le col de Valloire (col de Combérousse) au Nord, ajoute : « Il n'est traversé que par le collet de la Folla ».

1. Je me suis laissé raconter par plusieurs habitants de la vallée que cet accident était arrivé quelques années auparavant à un ba-

Aiguilles d'Argentière

Pic de la Porte d'Eglise · Puy Gris · Rocher Gris · Pic de la Grande Valloire · Rocher d'Arguille · Bec d'Arguille · Col de la Croix · Crocs de Baud · Aiguille d'Argentière · Rocher Badon · Rocher Blanc des Sept-Laux · Pyramide Inaccessible · Rocher Perché · Pic des Cabottes · Pic de l'Appareillage · Pic de Belle-Étoile · Col de Mardaret · Dent de la Pras · Roche Blanche du Plagnet

CROQUIS PANORAMIQUE DES MASSIFS D'ALLEVARD, DES SEPT-LAUX ET DE LA BELLE-ÉTOILE

Vue du Signal du Mardaret (1841m)

Rocher d'Arguille (2880 mèt.). — État-Major, anciennes éditions : Bec d'Arguille (2887 mèt.). — État-Major, dernière édition : Rocher d'Arguille (2887 mèt.). — Ferrand : Bec d'Arguille ou Grande-Valloire (2887 mèt., Annuaire C. A. F., 1880). — Bartoli : Bec d'Arguille (2887 mèt.), première ascension (Annuaire C. A. F., 1884, p. 484). — Dulong de Rosnay[1] : Rocher d'Arguille (2854 mèt., Annuaire C. A. F., 1893). — Joanne : Rocher d'Arguille (2887 mèt.). — La cote 2889 a été donnée également dans un des Annuaires de la S. T. D.

Cette montagne, avec son contrefort Ouest, achève le contour élevé du cirque de la Grande-Valloire formé au Nord par les crêtes de la Porte d'Église et le Pic de Comberousse et à l'Est par la Crête du lac Noir, le Rocher-Gris et le Pic de la Grande-Valloire ; les deux glaciers de Valloire et d'Arguille, qui y descendent, réunissent leurs eaux dans un mince défilé en dessous de la terrasse élevée portant le lac Blanc ou de la Laita. Ce lac reçoit les eaux du glacier d'Arguille. Quant à celles du glacier de Valloire, elles traversent successivement le lac Glacé et le lac Noir. Un quatrième lac, dit lac de la Folle[1], situé à l'Ouest, envoie ses eaux dans le ruisseau de la Grande-Valloire. La situation de ce cirque est vraiment belle et rappelle, dans sa sauvagerie, des paysages alpestres d'altitude supérieure. Je pense qu'un jour viendra où l'on se décidera à créer, sur les bords du lac Blanc, un refuge modeste qui permettra de faire toutes les cimes un massif du Puy-Gris en très peu de temps. Un magni-

taillon de chasseurs alpins qui, devant aller cantonner à Saint-Colomban-des-Villards, était redescendu sur la Combe de Madame par le fait d'un léger brouillard dissimulant le col du Tepey lors de l'arrivée au col d'Arguille.

1. Cette cote a été évidemment inspirée à M. Dulong de Rosnay par la carte de l'État-Major, qui ne l'accompagne d'aucun nom en la portant au Sud du point qu'elle appelle col de Valloire.

2. Au Sud-Ouest de ce lac la montagne vue de la vallée offre l'aspect d'un sommet isolé qui est connu sous le nom de Grande-Roche. J'ai ajouté à cette dénomination trop vague le qualificatif de « Grande-Roche du lac de la Folle ». C'est un point trigonométrique de mon levé. Il a l'altitude 2351. Une petite pyramide est construite à son point culminant.

4

fique rocher, dont j'ai fait une station trigonométrique, conviendrait parfaitement pour adosser ce refuge. La cote de ce rocher situé près du bord du lac est 2133 mètres [1].

Reprenant la chaîne principale au sommet du Pic de la Grande-Valloire où je l'avais quittée, il se présente immédiatement au Sud le

Col du Tépey (2722 mèt.). — N'est pas placé sur la carte de l'État-Major. — Joanne, Guide du Dauphiné : Collet Brabant. — Coolidge, Annuaire C. A. F., 1878, p. 178 : Collet Brabant.

Il est extraordinaire que la littérature alpine passe ce col presque entièrement sous silence. Son importance est cependant considérable, puisqu'il fait communiquer les deux vallées du Bréda et du torrent des Villards directement par les combes de la Plagne Vaumard à l'Ouest et du Tépey à l'Est. Les guides du Grand-Thiervoz le considèrent comme le passage le plus naturel de ces deux vallées.

J'y ai fait élever une pyramide de $1^m,80$ de hauteur et de $0^m,70$ de côté à la base.

L'arête principale continue vers le Sud en présentant quelques points saillants et une dépression immédiatement avant de constituer la crête septentrionale du Bec d'Arguille.

Bec d'Arguille (2893 mèt.). — Carte de l'État-Major, éditions anciennes : Rocher d'Arguille (2893 mèt.). — État-Major, nouvelle édition : Bec d'Arguille (2893 mèt.). — Point géodésique du 3° ordre du Dépôt de la Guerre qui est porté dans les recueils d'altitudes avec la cote $2893^m,8$. — Ferrand : Rocher d'Arguille ou Aiguille Equard (2893 mèt.), Annuaire C. A. F., 1880). — Dulong de Rosnay : Bec d'Arguille (2893 mèt., Annuaire C. A. F., 1893). — Joanne, Guide du Dauphiné : Bec d'Arguille ou Aiguille Equart (2893 mèt., édit. 1899). — Joanne, Guide du Dauphiné : Bec d'Arguille (2893 mèt., édit. 1902).

1. M. Ferrand avait donné la cote 2130 pour le lac Blanc (Annuaire C. A. F., 1880).

Point trigonométrique important du présent levé.

J'y ai fait construire une pyramide de 1m,80 de hauteur.

Il domine le glacier de la Combe du Tépey à l'Est et les névés de la Plagne Vaumard à l'Oùest.

L'arête principale continue vers le Sud jusqu'au col de la Croix ; avant de l'atteindre elle projette à l'Est une arête secondaire qui se termine à la Cime de Sambuis.

Cime de Sambuis (2736 mèt.). — État-Major : Cime de Sambuis (2721 mèt.). — Joanne : Cime de Sambuis (2721 mèt.). Il y a plusieurs sommets voisins les uns des autres. Celui que j'indique ici ne coïncide pas en position avec celui de l'État-Major.

Cette arête porte un col, dit col de Sambuis [1], que je n'ai pas déterminé. Elle sépare la Combe du Tépey au Nord de la Combe du Ruisseau de la Croix au Sud.

L'arête principale atteint ensuite le col de la Croix de Madame.

Col de la Croix de Madame (2533 mèt.). — État-Major : col de la Croix (2558 mèt.). — Joanne, Guide du Dauphiné : col de la Croix (2558 mèt.).

Tous les auteurs parlent du col de la Croix. Ce passage est, en effet, fort connu. Comme j'ai eu l'occasion de le dire, il subsiste sur les pentes occidentales les vestiges d'un sentier fort bien tracé, et probablement très large, qui y aboutissait.

J'y ai fait construire un signal de 1m,80 de hauteur.

Le col de la Croix marque la limite de la grande chaîne principale dans la division adoptée pour le massif d'Allevard et celui des Sept-Laux.

3° MASSIF DES SEPT-LAUX

Ce massif, défini comme il a été indiqué précédemment, comprend les plus hauts sommets de toute la région étudiée. La chaîne principale, depuis le col de la Croix de

1. Guide du Dauphiné de Joanne, éd. 1890, p. 206.

Madame, présente une analogie de forme et de direction avec la grande ligne de faîte du massif du Mont-Blanc. Le point culminant, le Rocher-Blanc des Sept-Laux, se trouve, comme le sommet du Mont-Blanc, au point précis du changement de direction ou mieux du point d'inflexion.

En partant du col de la Croix de Madame, l'arête principale, au lieu de descendre directement au Sud, comme l'indique la carte d'État-Major, oblique vers le Sud-Ouest en formant une muraille sans grandes sinuosités, mais présentant plusieurs sommets et une dépression notable méritant le nom de col. De ce col, ou plutôt des parois au Sud de ce col, descend un petit glacier appelé glacier de la Combe de Madame qui, avec le glacier beaucoup plus important du Rocher-Blanc, donne naissance au ruisseau de la Combe de Madame. Ce col a reçu le nom de Brèche de Marmotane (Guide Joanne, édition 1902).

La carte de l'État-Major est ici tout à fait erronée, et le second carton joint à cet article le fera comprendre immédiatement. Dans une vague interprétation, la carte au 80 000° porte le glacier de la Combe de Mad qui, évidemment, représente les trois glaciers du Rocher-Blanc, de la Combe de Madame et d'Argentière. L'arête qu'elle présente part du col de la Croix de Madame, va droit au Sud, puis, faisant un coude brusque vers l'Ouest, atteint les Rochers Billan. La réalité est toute autre : l'arête principale part du col de la Croix de Madame vers le Sud-Ouest et atteint, après une légère sinuosité portant la Brèche de Marmotane et la Brèche d'Argentière [1], l'Aiguille de Marcieu, la première à l'Ouest des Aiguilles d'Argentière. Le triangle attribué en supplément au versant du Bréda par la carte de l'État-Major représente une superficie de 36 hectares.

Tandis que cette arête forme mur de soutènement pour

---

1. Brèche de l'Argentière, Guide Joanne, Dauphiné, 1902 : « Grand couloir pierreux, puis glacé, en assez bonne pente, situé au N. de l'Aiguille de Marcieu dans la rive gauche du glacier de l'Argentière, et qui fait communiquer ce glacier avec le glacier de la Combe de Madame ».

Pic des Cabottes.

Bec d'Arguille.

Mont-Fourri.

Gd-Her de Puolognan.
Cime de Sembuys.
Aiguille de la Glière.

Rocher Badon.

Roc-Blanc des Sept-Laux.

Glacier de l'Amianthe.

Col de l'Amianthe.

Pyramide-Inaccessible.

Massif des Sept-Laux (partie Nord), depuis le Pic Nord de la Belle-Étoile; photographie de M. P. Helbronner.

le large glacier d'Argentière situé à l'Est, son versant occidental forme une paroi de hauteur respectable au-dessus du petit glacier de la Combe de Madame.

Glacier d'Argentière. — Carte de l'État-Major : figuration complètement inexacte sans assimilation possible pour la partie glaciaire. — Carte du ministère de l'Intérieur : même représentation sans précision et sans indication de glacier. — Guide Joanne, Dauphiné, édition 1899 : même représentation erronée. — Guide Joanne, Dauphiné, édition 1902 : carte de la page 224, correction exécutée. — Cadiat : glacier de l'Argentière (Annuaire C. A. F., 1889 ; peut-être le premier à le signaler). — Dulong de Rosnay (Annuaires C. A. F., 1890, 1892, 1893).

Ce glacier a été décrit par tous les alpinistes que les Aiguilles d'Argentière ont fascinés. C'est le plus intéressant parmi ceux des massifs étudiés ici, et, s'il le cède en superficie et régularité au glacier du Rocher-Blanc, il présente des aspects plus imposants dans ses détails. Il se compose de deux masses très inégales, dont la plus importante s'étend immédiatement sous les plus grandes des Aiguilles d'Argentière, c'est-à-dire se termine à l'Est par l'arête qui descend au Nord de la Pointe d'Olle ; la deuxième masse glaciaire située à l'Est de cette arête est beaucoup moins vaste, et est dominée par plusieurs aiguilles de la chaîne d'Argentière moins élevées que les premières.

J'abandonne la chaîne principale, qui détache à l'Est la magnifique paroi des Aiguilles d'Argentière dont le point de jonction avec elle paraît être le sommet de la plus occidentale de ces aiguilles.

Aiguilles d'Argentière. — État-Major : Rochers de l'Argentière. — Littérature alpine : Aiguilles d'Argentière, chaîne des Aiguilles d'Argentière, Crête de l'Argentière. Altitude moyenne des grandes aiguilles donnée par le Guide Joanne du Dauphiné, 1902 : 2950 mètres.

Je les passerai successivement en revue de l'Ouest à l'Est.

Aiguilles d'Argentière, Pointe de Marcieu (2908 mèt.). —

De Marcieu : Aiguille de Marcieu (2742 mèt.), première ascension (Société des Touristes du Dauphiné, 1889). — Cadiat : Aiguille de l'Argentière (2917 mèt., Annuaire C. A. F., 1889). —Dulong de Rosnay : Pic Occidental d'Argentière (Annuaire C. A. F., 1892). — Dulong de Rosnay : Quatrième Aiguille occidentale d'Argentière (Annuaire C. A. F., 1893). — Joanne, Guide du Dauphiné, 1902 : Aiguille de Marcieu.

M. Dulong de Rosnay, qui s'était trompé en estimant, dans l'Annuaire du Club Alpin Français de 1892, que la pointe gravie par M. de Marcieu était l'avant-dernier sommet occidental, a rectifié dans l'Annuaire de 1893, lorsqu'il a fait l'ascension de la deuxième aiguille à partir de l'Ouest. C'est bien du dernier sommet à l'Ouest qu'il s'agit dans la relation de M. de Marcieu (Annuaire S. T. D., 1889).

J'ai fait construire, au sommet de cette pointe, une pyramide de 1m,80 de hauteur.

Col Cadiat. — Guide Joanne, Dauphiné, 1902 : col Cadiat. Ce col est plutôt une brèche entre l'Aiguille de Marcieu et l'Aiguille Michel. Un couloir neigeux y fait accéder du versant Nord.

Aiguille d'Argentière, Pointe Michel (2917 mèt.) — État-Major : Point 2917 ? — Dulong de Rosnay : Troisième Aiguille occidentale d'Argentière (Annuaire C. A. F., 1892). — Dulong de Rosnay : Grande Aiguille occidentale (2817 mèt., Annuaire C. A. F., 1893). — Joanne, Guide du Dauphiné, 1902 : Aiguille Michel.

Cette pointe, gravie pour la première fois par M. Dulong de Rosnay en 1893, porte le nom d'un de ses guides, François Michel, du Rivier d'Allemont [1].

Comme à la précédente, j'y ai fait construire un signal trigonométrique de 1m,80 de hauteur.

Aiguille d'Argentière, Pointe Baroz (2904 mèt.). — Dulong de

---

1. MM. Auguste Reynier et Claude Verne pensent avoir exécuté la première ascension de cette aiguille, à laquelle ils donnent la cote 2930.. Cependant ils avaient le même guide, François Michel (*Annuaire S. T. D.*, 1895, p. 70).

Les Aiguilles d'Argentière et les Grandes-Rousses depuis le Puy-Gris; photographie de M. P. Helbronner.

Bec d'Arguille.

Aiguilles d'Argentière { Rochers de Rochail. — Pic de Marolou. — Pic Michel. — Pic Dulong de Rosnay. — Glacier d'Argentière. — Pic de S.-Phale. }

Pic d'Olle.

Gdes-Rousses (Pic Bayle).

Gdes-Rousses (l'Etendard).

Le Jandri.

Glacier de Mont-de-Lans.

Pic de la Grave.

Le Râteau.

Brèche de la Meije.

Grand-Pic de la Meije.

Rosnay : deuxième Aiguille occidentale (Annuaire C. A. F.,
1893). — Guide Joanne, Dauphiné, 1902 : Aiguille Baroz.

M. Dulong de Rosnay, qui la signale, dit : « Pointe
basse, négligeable, et qui n'est guère plus qu'un renfle-
ment de la crête ». Elle est, en effet, écrasée par les
Aiguilles Michel et Dulong de Rosnay.

Aiguille d'Argentière, Pointe... (2900 mèt.). — Probablement
la première Aiguille occidentale de M. Dulong de Rosnay ;
n'est signalée nulle part. Elle est accolée à l'Aiguille
Baroz et semble un obélisque. Elle est vierge. Je ne lui
donne pas de nom, laissant à son vainqueur le soin de
la baptiser.

Aiguille d'Argentière, Pointe Dulong de Rosnay (2918 mèt.). —
Dulong de Rosnay : Grand Rocher d'Argentière, Pic
Central ou Grand Pic d'Argentière (2917 mèt.). — Guide
Joanne, 1899 : Aiguille Dulong de Rosnay. — Guide
Joanne, 1902 : Aiguille de Rosnay.

M. Dulong de Rosnay en a fait la première ascension
en 1892.

C'est la plus haute pointe des Aiguilles d'Argentière.

Col Dulong de Rosnay. — Guide Joanne, 1902 : col de Rosnay. Passage accessible sur ses deux faces. C'est un véritable col.

Aiguille d'Argentière, Pointe de Saint-Phalle (2901 mèt.). —
Dulong de Rosnay : Aiguille orientale d'Argentière
(Annuaire C. A. F., 1892 et 1893). — Guide Joanne, Dauphiné, édition 1902 : Aiguille de Saint-Phalle. — M. Dulong de Rosnay, qui en a fait la première ascension en
1893, lui attribue 2850 mètres (Annuaire S. T. D., 1893,
p. 64) ou 2880 mètres (Annuaire C. A. F., 1893, p. 54).

Brèche de Saint-Phalle. — Guide Joanne, Dauphiné, 1902 :
Brèche de Saint-Phalle. Entre l'Aiguille de Saint-Phalle
et l'Aiguille d'Olle.

Aiguille d'Argentière, Pointe d'Olle (2885 mèt.). — Guide
Joanne, Dauphiné, 1902 : Aiguille d'Olle.

Les deux pointes de Saint-Phalle et d'Olle apparaissent
comme deux dents canines à côté l'une de l'autre depuis
le massif du Puy-Gris ou celui du Grand-Rocher.

Col de Rieu-Claret. — Grande dépression séparant le socle des sept grandes aiguilles du reste de la chaîne d'Argentière. Il débouche dans son versant Nord sur la portion orientale du glacier d'Argentière.

Aiguille d'Argentière, Pointe Reynier (2752 mèt.). — Cette aiguille, qui n'est pas citée dans la littérature alpine, est très nettement dominante dans la seconde série des Aiguilles d'Argentière à l'Est du col de Rieu-Claret.

Les guides de la vallée du Bréda l'ont baptisée ainsi du nom de M. Louis Reynier, qui en a fait la première ascension (Annuaire S. T. D., 1902, p. 181).

Je reprends, au sommet de l'Aiguille d'Argentière Pointe Marcieu, la chaîne principale. Elle y subit un coude brusque vers l'Ouest et s'abaisse pour former le

Col d'Argentière de Madame (2645 mèt.). — N'est pas marqué sur la carte de l'État-Major. — Dulong de Rosnay : col d'Argentière (Annuaire C. A. F., 1893). — Joanne, Guide du Dauphiné, édition 1899 : Brèche d'Argentière [1] ou col d'Argentière. — Joanne, Guide du Dauphiné, édition 1902 : col de la Combe-Madame (2700 mèt.).

M. Dulong de Rosnay écrit (Annuaire C. A. F., 1893) : « Ce col s'ouvre au sommet de la branche orientale du glacier de la Combe entre les Rochers Billau et la quatrième Aiguille occidentale d'Argentière ou Aiguille de Marcieu ».

Je n'hésite pas à conserver le nom de col d'Argentière adopté dans le pays ; j'y ajoute, d'autre part, « de Madame », pour le distinguer des autres cols d'Argentière nombreux dans les Alpes.

Ce col a toujours été fréquenté. J'ai trouvé sur le versant oriental, profondément gravés dans la grande dalle verticale qui est au sommet, le lys de France et la croix de Savoie avec la date 1823. Il y a eu là évidemment une opération de délimitation dont la trace officielle serait facile à retrouver.

---

1. Comme on l'a vu plus haut, l'édition 1902 reporte la Brèche de l'Argentière sur la crête principale au Nord de l'Aiguille de Marcieu.

J'y ai élevé un signal trigonométrique de 1^m,70 de hauteur.

Rochers Billan. — État-Major : Rochers Billan. — Littérature alpine : Rochers Billau. — Ferrand, Annuaire C. A. F., 1880 : Rocs de Billian. — C'est la longue arête courant de l'Est à l'Ouest qui forme mur de soutènement de la rive droite du glacier du Rocher-Blanc. La carte de l'État-Major en détache au Nord trois arêtes qui n'existent pas.

Col de la Combe Madame. — M. Dulong de Rosnay le définit dans l'Annuaire du Club Alpin Français, 1893, en le plaçant au sommet de la branche occidentale du glacier de la Combe entre le Rocher-Blanc et les Rochers Billan. Ce col, que j'ai traversé, n'a été déterminé, dans le présent levé, que par des perspectives photographiques.

L'arête continue vers l'Ouest, et atteint le Rocher-Blanc des Sept-Laux.

Rocher-Blanc des Sept-Laux (2930 mèt.). — État-Major : Rocher-Blanc ou Rocher de la Pyramide, 2930^m,8, et 2931 mètres sur la carte. Point géodésique du 1er ordre du Dépôt de la Guerre, stationné en 1830 dans la campagne du capitaine Durand, qui y avait élevé un signal de 4^m,40 de hauteur. Ce signal, en forme de pyramide à plusieurs gradins, ne subsistait plus que sur 2 mètres de hauteur lors de ma station. Je l'ai reconstitué et élevé à 3^m,10 au-dessus du sol. — Littérature alpine : Rocher-Blanc des Sept-Laux, Rocher-Blanc, Pyramide des Sept-Laux, Pic de la Pyramide, Rocher de la Pyramide, Grande Pyramide des Sept-Laux, etc., 2931 mètres.

Ce sommet très connu, très fréquenté, très facile d'accès, est l'extrémité méridionale de la base de la présente triangulation ; c'est une de mes stations les plus importantes, où les visées ont duré près de sept heures par un temps magnifique. La chaîne principale détache au Nord une arête importante qui, s'affaissant d'abord pour former un col sans nom, remonte ensuite au Rocher Badon.

Rocher Badon (2915 mèt.). — N'est pas nommé ni coté sur la carte de l'État-Major, qui place un Rocher Badon en une position symétrique de ce point par rapport au Rocher-Blanc, c'est-à-dire à plus d'un kilomètre et demi du véritable Rocher Badon. Il est signalé, mais sans description, par le Guide du Dauphiné de Joanne (1902), quoique étant un sommet très nettement séparé et se présentant d'une manière très caractéristique de tous les points de la vallée du Bréda. Tous les auteurs ont signalé l'erreur de la carte (Ferrand, Annuaire C. A. F., 1880 : le Mouchillon ou Rocher Badon).

Ce sommet, d'accès très facile en venant du Rocher-Blanc, porte un signal de $0^m,80$ de hauteur que j'ai pris comme point trigonométrique ; c'est une station secondaire de mon levé.

L'arête continue du Rocher Badon vers le Nord-Ouest et forme deux sommets qui sont la

Pointe de Mouchillon (2367 mèt.) et la **Pointe de Choronde** (2355 mèt.). — Joanne, Dauphiné, 1902 : Pointe de Chaurionde.

Glacier du Rocher-Blanc. — Joanne, Dauphiné, 1902 : Glacier du Rocher-Blanc. Il est limité à l'Ouest par l'arête qui court du Rocher-Blanc au Rocher Badon, au Nord par les pentes orientales du Rocher Badon et au Sud par les Rochers Billan. C'est une nappe très régulière qui se joint à l'Est au petit glacier de la Combe de Madame. Quoique ce soit vraisemblablement la plus importante masse glaciaire de tous les massifs étudiés, il n'est pas signalé sur la carte du Dépôt de la Guerre.

Du sommet du Rocher-Blanc des Sept-Laux, l'arête principale se dirige au Sud et s'abaisse pour former le

Col de l'Amianthe (2813 mèt.). — Dulong de Rosnay : col de l'Amyante (Annuaire C. A. F., 1890). — Joanne, Dauphiné, 1899 : col d'Amianthe. — Joanne, Dauphiné, 1902 : col d'Amiante (2700 mèt.).

On passe, en général, par ce point lorsqu'on fait l'ascension du Rocher-Blanc des Sept-Laux en venant du Chalet-Hôtel des Sept-Laux.

Ce col tire son nom des inclusions de serpentine amianthée qu'on remarque sur les roches de l'arête. Le col de

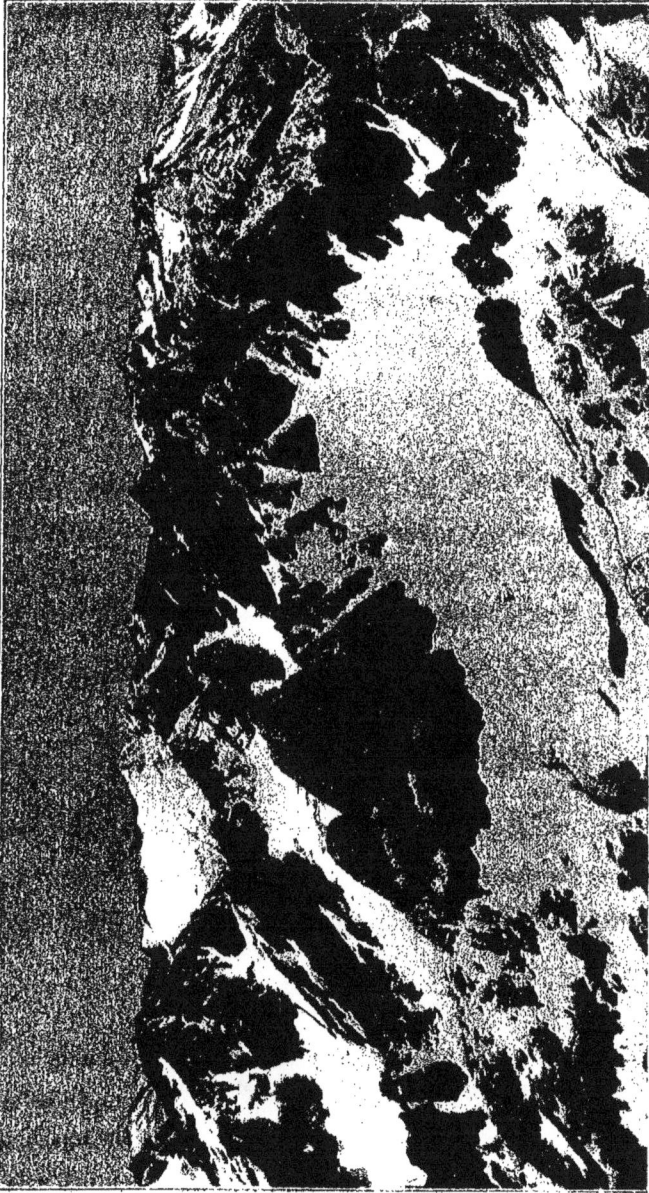

Aiglie d'Argent, Pic de
Bintéléu.

Bec d'Arguille.

Glacier du Fer Blanc.

Rocher Blanc.

Rocher Badon.

Massif de Tailleter.

Pic de la Gde-Valloire.
(Gde-Lance d'Allemont.

Bec d'Arguille.
(Gd-Pic de Belledonne.

(Gde-Lance de Domènu.

Partie méridionale du massif d'Allevard et Rocher-Blanc des Sept-Laux, depuis le Puy-Gris; photographie de M. P. Helbronner.

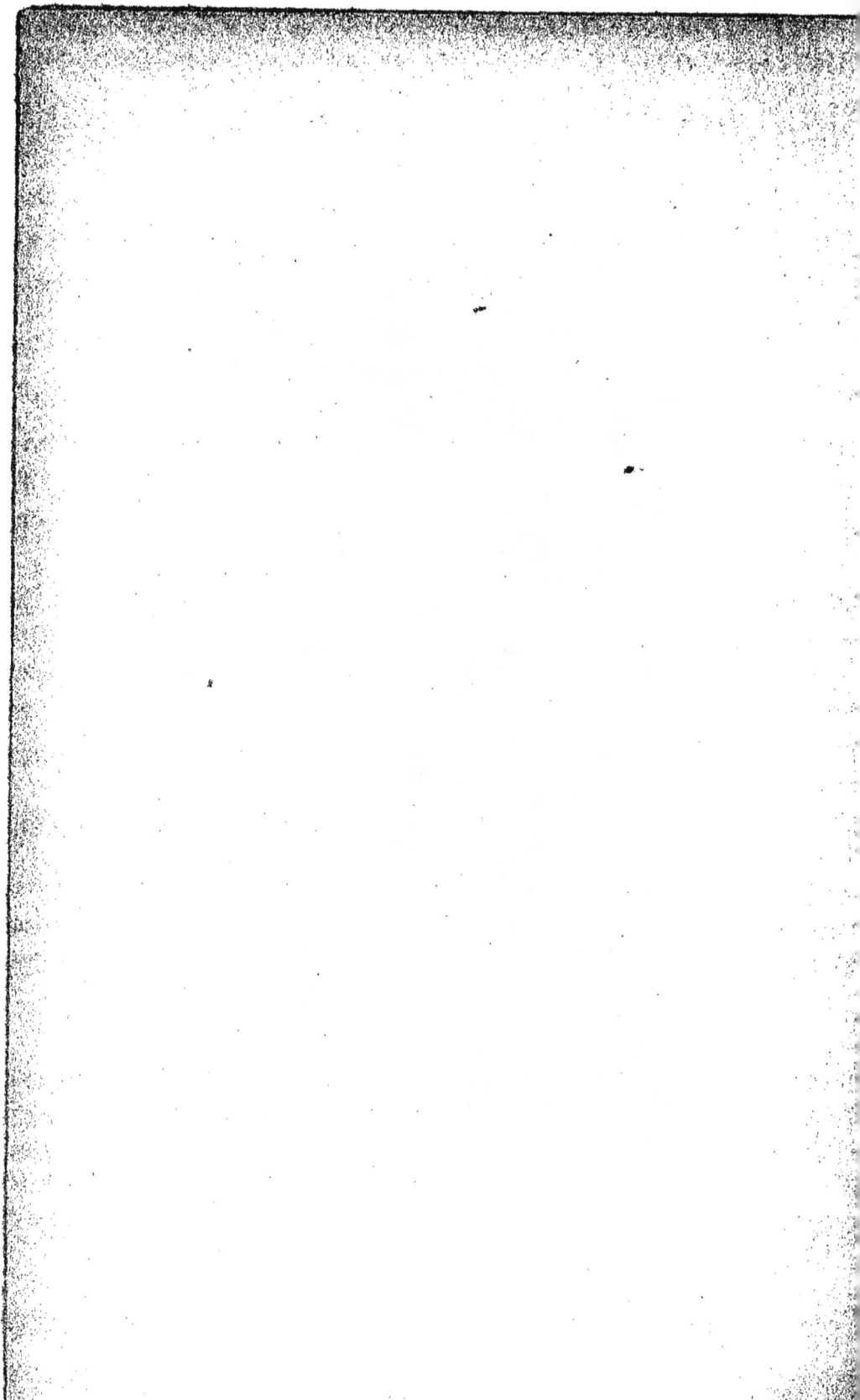

l'Amianthe est double : le point trigonométrique est situé dans la dépression méridionale.

L'arête se relève et monte au sommet de la

Pyramide-Inaccessible (2915 mèt.). — État-Major : Rocher Badon (2917 mèt.). — Dulong de Rosnay (Annuaire C. A. F., 1890) : Pyramide-Inaccessible (2917 mèt.). — Dulong de Rosnay (Annuaire C. A. F., 1893) : Pyramide-Inaccessible des Sept-Laux (2917 mèt.). — Guide Joanne, Dauphiné, éditions 1899 et 1902 : Pyramide-Inaccessible (2917 mèt.).

Ce sommet, qui présente, depuis le haut plateau des Sept-Laux, l'aspect d'une pyramide régulière, ne mérite pas son qualificatif : son ascension a été faite souvent. Il porte un cairn de plus de 1m,50 de hauteur, qui m'a servi de signal trigonométrique, et qui a peut-être été construit lors des opérations topographiques de la carte de France.

Glacier de l'Amianthe. — N'est pas signalé sur la carte de l'État-Major. — Joanne, Guide du Dauphiné, éditions 1899 et 1902 : Glacier de la Pyramide. — J. de Bouchaud, 1876, cité par M. Dulong de Rosnay (Annuaire C. A. F., 1890), l'appelle glacier Blanc. — Glacier de l'Amianthe (appellation générale des Annuaires S. T. D., notamment année 1898, p. 64).

Je justifie le nom de glacier de l'Amianthe : 1° parce qu'il est plus communément appelé ainsi dans le pays ; 2° parce que, situé entre le Rocher-Blanc et la Pyramide-Inaccessible, on sera tenté de l'appeler aussi bien glacier du Rocher-Blanc que glacier de la Pyramide, ce qui créera une confusion ; 3° parce que c'est le chemin du col de l'Amianthe, situé dans son axe général.

Après la Pyramide-Inaccessible, la chaîne principale forme une courbe dont la concavité est tournée vers l'Est. Son arête, horizontale sur une longueur importante, constitue une sorte de bastion que M. Dulong de Rosnay a proposé d'appeler *Rocher des Sept-Laux*. Je pense que ce nom ne peut que prêter forcément à confusion, et je l'ai nommé **Rocher du Lac de Cos**, puisqu'il domine ce lac sur presque toute sa longueur. Il n'est déterminé pré-

sentement que par des perspectives photographiques ;
M. Dulong de Rosnay lui attribue la cote 2800 environ
(Annuaire C. A. F., 1890, p. 108 [1]).

Pointe de l'Agnelin (2,743 mèt.). — N'est pas marquée sur
la carte de l'Etat-Major. — Joanne, Guide du Dauphiné,
1902 : « L'Agnelin, contrefort Sud de la Pyramide-Inaccessible ».

M. Dulong de Rosnay, dans l'Annuaire de 1890 du
C. A. F., a appelé Cime de l'Agnelin la Pointe des Eustaches. Son itinéraire, dit-il, comporte la montée au col
de l'Agnelin et la pente située à droite de ce col. L'altitude
qu'il donne (2725 mèt.) est d'ailleurs celle qui correspond
sur la carte de l'État-Major à l'emplacement de la Pointe
des Eustaches.

Col de l'Agnelin (2640 mèt.). — Figure à sa vraie place,
mais sans cote, sur la carte de l'Etat-Major. — Dulong
de Rosnay : col de l'Agnelin (Annuaire C. A. F., 1890).
— Joanne, Guide du Dauphiné, éditions 1899 et 1902 : col
de l'Agnelin (2675 mèt. environ), entre l'Agnelin au Nord
et la Pointe des Eustaches au Sud.

Pointe des Eustaches (2728 mèt.). — Carte de l'Etat-Major :
Point 2725 sans nom. — Dulong de Rosnay : Cime de
l'Agnelin ou Pointe des Eustaches (2725 mèt., Annuaire
C. A. F., 1890). — Guide Joanne, Dauphiné, 1899 et 1902 :
Pointe des Eustaches (2725 mèt.).

M. Dulong de Rosnay en a décrit l'ascension dans l'Annuaire du Club Alpin de 1890.

Le point géodésique est situé à peu près au milieu de
la longue arête presque horizontale qui forme le sommet.

Pic Bunard (2501 mèt.). — Carte de l'Etat-Major : Point 2495,
sans nom. — Dulong de Rosnay : Rocher Bunard
(2495 mèt., Annuaire C. A. F., 1890). — Guide Joanne,
1899 et 1902 : Pointe Bunard (2495 mèt.).

C'est le dernier sommet de la chaîne principale des
Sept-Laux. M. Dulong de Rosnay, qui en décrit l'ascension (Annuaire C. A. F., 1890), avait pressenti que l'alti-

1. L'altitude des deux sommets principaux de ce bastion, calculée
sur les photographies, serait 2835 et 2836.

tude donnée par l'État-Major était inférieure à la réalité.

Entre la Pointe des Eustaches et le Pic Bunard, M. Du-long de Rosnay signale le col des Eustaches (Annuaire C. A. F., 1890), nom qui peut, en effet, s'appliquer à cette dépression.

Sur le plateau proprement dit des Sept-Laux j'ai déter-miné trois stations trigonométriques.

1º **Chalet-Hôtel des Sept-Laux** (2187 mèt., altitude du sol). — Guide Joanne, Dauphiné, 2190 mèt. environ.

2º **Col des Sept-Laux** (2200 mèt.). — Guide Joanne, Dau-phiné, 2184 mètres. — Point précis de partage des eaux des deux versants. Le signal naturel qui y forme le point trigonométrique est un gros bloc de rocher posé sur le gazon. La cote d'altitude et les coordonnées géographi-ques se rapportent au sommet de ce bloc.

3º **Lac de la Motte et lac Carré** (2182 mèt.). — Le point trigo-nométrique est au sommet d'un monticule assez élevé entre les deux lacs, d'où l'on a une vue fort étendue. Ce point pourrait servir à un topographe qui s'y installerait pour déterminer le tracé du contour de plusieurs des lacs ou portions des lacs des Sept-Laux, une fois connue l'al-titude de leur niveau.

Enfin, sur le déversoir fluvial de ces lacs, sur le versant Nord, j'ai déterminé la station Chalet des Deux Ruisseaux, 1976 mètres (carte de l'État-Major, 1893).

4º MASSIF DE LA BELLE-ÉTOILE

Cet ensemble de montagnes, dont les parties élevées occupent beaucoup moins de place que celles des massifs précédents, forme le vis-à-vis du massif des Sept-Laux par-dessus le long couloir semé de lacs qu'on est convenu d'appeler col des Sept-Laux. Cette muraille, de forme assez régulière, constitue la toile de fond de la vallée du Bréda.

Le nom de Belle-Étoile, donné au massif, remonte assez

loin : Bourcet avait déjà employé, pour l'arête principale de direction Est-Ouest, le nom de Rocher de la Belle-Étoille.

Que l'on doive y voir le qualificatif d'un massif à chaînes étoilées ou le résultat de l'observation d'habitants de la vallée, admirant certains soirs l'apparition d'un bel astre derrière les crêtes, toujours est-il que la ligne principale de la montagne de la Belle-Étoile est bien celle que Bourcet avait désignée.

Immédiatement au-dessus du plateau des Sept-Laux, qu'il semble défendre à l'Ouest, comme le Rocher Badon le défend à l'Est, se dresse le pic le plus élevé de la chaîne, le Pic des Cabottes, qui se termine à l'Est par une pente régulière descendant jusqu'aux lacs.

Pic des Cabottes (2735 mèt.). — État-Major : Rocher 2731 point géodésique). — Béthoux (Annuaire Société des Touristes du Dauphiné, 1900) : Signal de la Belle-Étoile (2731 mèt.). — Joanne, Guide du Dauphiné, 1902 : Rocher de la Belle-Étoile (2731 mèt.). — Littérature alpine : Cime des Mottes, Cime des Cabottes.

Il n'y a aucun doute sur le véritable nom de ce sommet : d'une part, les habitants du pays sont unanimes à le nommer Pic des Cabottes ; d'autre part, le Pic de la Belle-Étoile, qui a donné son nom au massif, ou plutôt qui en a pris le nom, est situé au centre de la ramification des différentes chaînes.

Point 2,704 mètres. — C'est un sommet sans nom, nettement séparé sur l'arête.

Pic de l'Apparence (2719 mèt.). — J'ai appelé ainsi le sommet que l'on désigne souvent de la vallée sous le nom de Pic de la Belle-Étoile. Je fus victime un temps de cette désignation, que je reconnus fausse lors de la station trigonométrique que je fis au sommet Nord de la Belle-Étoile.

Pic de la Belle-Étoile (Sommet Nord : 2722 mèt.). — État-Major : Point sans désignation, coté 2720. — Guide Joanne, Dauphiné : Pic des Cabottes (2720 mèt.). — Ferrand (Annuaire C. A. F., 1880) : Pic de la Belle-Étoile (2729 mèt.).

— Béthoux : Cime des Mottes ou des Cabottes (Annuaire S. T. D., 1900).

C'est une des stations secondaires de la présente triangulation.

Le sommet Nord du Pic de la Belle-Étoile est au point précis de rencontre de l'arête principale et d'une arête fort importante qui lui est presque perpendiculaire et dont je vais étudier quelques points. Cette arête forme tout d'abord, à 55 mètres de son origine, le second sommet du Pic de la Belle-Étoile.

J'y ai élevé une pyramide de 1ᵐ,10.

Pic de la Belle-Étoile (Sommet Sud : 2722 mèt.). — Ce point était considéré comme un peu plus élevé que le précédent et était doté d'un petit signal. En réalité, les deux pointes sont égales. La station trigonométrique a été choisie sur le sommet Nord à cause de ses vues plus favorables sur la vallée du Bréda.

En continuant sur cette arête perpendiculaire à la principale, j'ai établi deux stations :

Col de la Vache (2559 mèt.). — État-Major : col de la Vache, sans cote. — Béthoux : col de la Vache (2500 mèt. environ). — Joanne, Dauphiné : col de la Vache (2500 mèt. environ).

Ce col est situé en haut d'un couloir de névé facilement visible depuis les alentours du Chalet-Hôtel des Sept-Laux.

Col de l'Homme (2301 mèt.). — État-Major : col de l'Homme, sans cote. — M. Béthoux ne signale comme col de l'Homme que celui qu'il assimile au col de Voutaret. — Guide Joanne, Dauphiné : col de l'Homme (2450 mèt. environ). — Annuaires de la S. T. D. : col de l'Homme (2300 mèt. ?).

J'y ai élevé un signal de 1ᵐ,70 de hauteur à l'emplacement de la station trigonométrique.

Revenant à l'arête principale (au Pic Nord de la Belle-Étoile où je l'avais laissée), celle-ci s'infléchit vers le Nord-Ouest et, se creusant régulièrement, forme le col de Voutaret.

Col de Voutaret (2563 mèt.) [1]. — Etat-Major : non désigné. — Béthoux : Annuaire S. T. D., 1900 : col du Pra, de la Belle-Étoile, de l'Homme ou du Vouteret. — Joanne, dans le Guide du Dauphiné, 1902, place le col de Vouteret, comme l'Etat-Major, à l'Ouest de la Dent de la Prat.

Je préfère l'orthographe Voutaret à Vouteret, parce qu'elle rend mieux la prononciation du pays [2]. Quant à la désignation, elle doit être adoptée pour ce col situé à l'Est de la Dent de la Prat et non pour celui situé à l'Ouest. Je ne peux être d'accord sur le principe qui a guidé M. Béthoux pour ne pas maintenir son nom à ce col, puisqu'il reconnaît qu'on l'appelle ainsi dans le pays ; il ne faut pas, dans la crainte d'une confusion, ne pas reconnaître une erreur de la carte de l'Etat-Major. C'est, au contraire, maintenir la confusion que d'espérer arracher une dénomination de la mémoire des hommes qui l'ont créée et utilisée, plutôt que de l'effacer sur la carte.

Dent de la Prat (2624 mèt.). — Carte de l'Etat-Major : Dent de la Prat (2535 mèt.). — Liste d'altitudes des points du 3ᵉ ordre du Dépôt de la Guerre (feuille de Saint-Jean-de-Maurienne) : Dent de la Prat (Roche, l'axe sommet, 2626 mèt.). — Béthoux (Annuaire S. T. D., 1900) : Dent du Prat (2535 mèt.). — Joanne, Guide du Dauphiné : Dent du Prat (2535 mèt.).

Ce rocher, très caractéristiquement enchâssé entre deux autres de même hauteur, ne présente pas de difficulté d'ascension malgré son aspect vertical.

La dépression qui suit la Dent de la Prat, à l'Ouest, pourrait s'appeler col de la Prat (Béthoux, Joanne, carte de l'Etat-Major : col de Vouteret). Je ne l'ai pas déterminée dans ma triangulation.

De la Dent de la Prat, la chaîne principale détache

---

1. La cote 2563 se rapporte au sommet d'un rocher triangulaire très nettement visible au-dessus et à l'Est du point le plus bas du col proprement dit.

2. Je signale qu'il doit y avoir analogie de prononciation et d'orthographe entre le col de Voutaret et le village du Moutaret situé à quelque distance au Nord d'Allevard.

presque perpendiculairement, au Sud, l'arête du Vénetier, qui se prolonge jusqu'au Pas de la Coche où commence l'arête principale de la chaîne de Belledonne.

M. Béthoux signale, à l'Ouest de la Dent de la Prat, le sommet qu'il nomme Pointe de la Jasse, ainsi que les Dents du Vouteret.

Sur l'arête principale de la Belle-Étoile, notamment entre le Pic des Cabottes et le Pic de la Belle-Étoile, la ligne de faîte est franchissable presque partout : M. Béthoux a appelé col des Mottes une des dépressions situées entre ces deux sommets ; je n'ai pas pu l'identifier exactement parmi les trois dépressions principales qui se remarquent sur cette distance et qui paraissent d'importance égale.

Du Pic des Cabottes, une arête se dirige vers le Nord-Est et forme le

Rocher Pendet (2343 mèt.). — (N'est pas désigné sur la carte de l'État- Major.) — Béthoux (Annuaire S. T. D., 1900) : Aiguille de Pindet (2400 mèt. ?). — Joanne, Guide du Dauphiné : Aiguille de Pindey (2400 mèt. environ).

Au Sud du Rocher Pendet s'ouvre, sur l'arête qui le joint au Pic des Cabottes, le col Pendet (Béthoux : col de Pindet, 2300 mèt. ; Joanne, Guide du Dauphiné : col de Pindey, 2300 mèt. environ). Je ne l'ai pas déterminé.

La ligne de faîte de la chaîne principale de la Belle-Étoile change brusquement de direction après le col de la Prat et se dirige sur le col du Merdaret. J'ai déterminé sur cette arête le sommet très caractérisé de Roche-Noire du Pleynet.

Roche-Noire du Pleynet (2134 mèt.). — Ce point n'est pas désigné sur la carte de l'État-Major. — M. Béthoux ne le signale pas non plus.

Le sommet de cette montagne est composé de schistes ardoisiers qui donnent lieu à une exploitation intermittente.

De ce point, l'arête, continuant vers le Nord, atteint le col du Merdaret.

Sur les pentes du versant Nord-Est, j'ai déterminé

plusieurs point trigonométriques, en général par relèvement. Ces points sont : le *Chalet des Fanges* (1879 mèt.),
le *Chalet du Pleynet* (1462 mèt.), le *Chalet Frantz Barrat*
(1222 mèt.), les *Chalets de Gleyzin de la Ferrière*
(1611 mèt.) ; le point trigonométrique est au sol à l'aplomb
de l'arête Ouest du chalet de l'Ouest, tandis que le point
du 3e ordre 1614, du Dépôt de la Guerre, est le pignon
Est du bâtiment de l'Est). Plus bas, presque dans la
vallée, j'ai déterminé le Pont de la Sauze (1130 mèt.), sur
lequel passe le chemin des Sept-Laux, ainsi que la première maison au Sud du *Hameau du Fond de France*
(1105 mèt.) et la première maison à l'Ouest de *La Martinette* [1].

A l'Est du mamelon de Pincerie, la montagne présente
une crête appelée dans le pays *Crest du Bœuf ;* j'ai fixé
la situation et l'altitude de son point le plus élevé
(1825 mèt.).

Des stations effectuées sur la crête du Grand-Rocher,
j'ai déjà parlé à propos de la Croix de Merdaret et du
signal du Grand-Rocher. Je signalerai seulement sur
cette ligne de faîte la station du *Crest du Poulet.* L'État-
Major appelle Grand-Crest, ou Crest du Poulet, l'éminence qui termine au Nord la crête du Grand-Rocher, et
lui donne l'altitude 1608 mètres. Mais l'emplacement de
ce point géodésique du 2e ordre du Dépôt de la Guerre
est, en réalité, le Crest des Tavernes ; c'est également
un point trigonométrique de mon levé défini par le sommet
du sapin le plus élevé. J'y ai obtenu la cote 1614, qui correspond à l'altitude du Dépôt de la Guerre de 1608 mèt.
pour le sol.

---

1. Le hameau de La Martinette porte sur l'Atlas National de
France, publié sous le Premier Empire, le nom de : La Martinette
ou Cul de France. Sur ce même Atlas je trouve marqués à doubles
traits les chemins des cols du Merlet, de la Croix, des Sept-Laux et
de la Coche. Enfin le massif qui correspond aux Rocher et Bec
d'Arguille y porte le nom de Montagne de Vetone, qui est peut-être
une corruption de Veyton, affluent du Bréda situé un peu plus au
Nord.

Le Crest du Poulet, très reconnaissable à sa forme que traduit d'ailleurs son nom, est le point 1731 de la carte de l'État-Major.

La station trigonométrique secondaire que j'y ai établie ne s'est pas faite sur ce mamelon, mais au Sud et de l'autre côté du vallonnement qui traverse la crête en cet endroit. Le signal est une grande croix de bois un peu inclinée, située à quelques mètres au-dessus d'un chalet de berger (altitude du sol 1713 mèt.).

Indépendamment des points déjà signalés ou cités dans cette étude, il a été établi une série de points trigonométriques à mi-hauteur sur les pentes ou dans le fond de la vallée. On les trouvera, avec leurs coordonnées géographiques et leur altitude, dans le tableau suivant. Ces points permettront, aux topographes qui voudront baser un levé sur ce canevas, de viser en général autour d'eux au moins quatre signaux trigonométriques ; en effet, dans les vallées un peu encaissées ou sur certaines pentes, les sommets très élevés disparaissent souvent et le nombre plus que nécessaire de ces points supplémentaires donnera le moyen d'éviter des rattachements ou des cheminements souvent délicats.

En terminant cette étude, je tiens à adresser à mon ami M. Henri Vallot l'expression de ma profonde gratitude pour les conseils dont il a entouré son exécution. Comme j'ai eu plusieurs fois l'occasion de le dire, ce sont les méthodes qu'il a créées ou développées pour ses opérations trigonométriques dans le massif du Mont-Blanc qui ont été employées ici ; leur sûreté et leur rapidité ont permis d'obtenir les résultats mathématiques suffisamment à temps pour qu'ils puissent paraître dans le présent *Annuaire*.

P. HELBRONNER,

Membre du Club Alpin Français
(Section de Paris.)

TABLEAU DES COORDONNÉES GÉOGRAPHIQUES

ET DES ALTITUDES DES POINTS TRIGONOMÉTRIQUES

DES MASSIFS D'ALLEVARD

DES SEPT-LAUX ET DE LA BELLE-ÉTOILE

PAR M. P. HELBRONNER

N.-B. — Les éléments relatifs aux points dont les noms sont précédés d'une astérisque ✳ ne sont donnés que sous réserves.

NOM ET Désignation des points.	LATITUDE		LONGITUDE		ALTITUDES	
					du signal	du sol
	G	''	G	''	M	M
Agnelin (Col de l'). Rocher saillant au milieu du col.	50	2502 5	—4	1827 3	2640 4	
Agnelin (Pointe de l'). Pyramide	50	2521 1	—4	1825 1	2743 5	2743 0
Amianthe (Col de l'). Dépression méridionale . .	50	2654 0	—4	1909 0		2812 7
Apparence (Pic de l'). Sommet du rocher.	50	2667 9	—4	1361 4	2718 8	
Argentière (Col d') de Madame. Pyramide au milieu du col.	50	2712 3	—4	2106 1	2646 2	2644 5
Argentière (Aiguilles d'). — Pointe Baroz. Sommet du rocher.	50	2719 1	—4	2177 7	2903 6	
Argentière (Aiguilles d'). — Pointe Dulong de Rosnay. Sommet du rocher.	50	2718 1	—4	2189 1	2917 7	
Argentière (Aiguilles d'). — Pointe de Marcieu. Pyramide	50	2723 3	—4	2148 8	2909 9	2908 1
Argentière (Aiguilles d'). — Pointe Michel. Pyramide.	50	2721 1	—4	2162 6	2918 6	2916 9
Argentière (Aiguilles d'). — Pointe Reynier. Sommet du rocher.	50	2751 6	—4	2323 5	2752 1	

NOM ET Désignation des points.	LATITUDE		LONGITUDE		ALTITUDES	
					du signal	du sol
	G	"	G	"	M	M
Argentière (Aiguilles d'). — **Pointe de Saint-Phalle.** Sommet du rocher. . . .	50	2718 3	—4	2224 3	2900 6	
Argentière (Aiguilles d'). — **Pointe Vierge.** Sommet du rocher.	50	2717 8	—4	2184 0	2900 1	
Arguille (Bec d'). Pyramide.	50	2992 3	—4	2200 7	2894 5	2892 8
Arguille (Col d'). Rocher saillant au milieu du col.	50	3090 9	—4	2151 2	2745 2	
Arguille (Montagne d'). Station auxiliaire.	50	2943 2	—4	2114 1		2352 5
Arguille (Rocher d'). Sommet du rocher.	50	3085 1	—4	2094 3	2888 7	
Badon (Rocher). Pyramide.	50	2751 4	—4	1919 8	2915 5	2914 7
Bataille (Crest de). Gros bloc de rocher; sommet du bloc.	50	3633 6	—4	1919 8	1550 9	
Belle-Étoile (Pic Nord de la). Pyramide.	50	2633 5	—4	1308 9	2722 7	2724 6
Belle-Étoile (Pic Sud de la). Pyramide.	50	2629 4	—4	1313 5	2722 6	2722 1
Berlange (Pic de). Sommet Nord ; pyramide. . . .	50	3822 7	—4	2284 1	2159 6	2159 1
Blanc (Lac). Rocher dominant le lac au N.-O. ; sommet du rocher. . . .	50	3202 0	—4	2022 4	2133 2	
Bœuf (Crest du). Sommet du mamelon	50	3122 6	—4	1287 6	1825 3	
Bunard (Pic). Pyramide. .	50	2385 4	—4	1624 6	2561 4	2561 0
Cabottes (Pic des). Pyramide	50	2688 9	—4	1419 0	2736 4	2735 2
Chien (Rocher du). Croix. croisée des bras.	50	3171 6	—4	1792 4	2022 3	2020 6
Choronde (Croix de). Croisée des bras.	50	2939 4	—4	1591 3	2038 5	2036 5
Choronde (Pointe de). Sommet du rocher.	50	2906 5	—4	1687 8	2354 1	
Clocher du Frêne (Pic du). Sommet du rocher . . .	50	3916 6	—4	2875 0	2796 4	
Combe-Madame (Chalet supérieur de). Pignon Ouest faîte du toit.	50	2943 5	—4	1975 3	1793 7	1789 9

NOM ET Désignation des points.	LATITUDE		LONGITUDE		ALTITUDES	
					du signal	du sol
	G	"	G	"	M	M
Comberousse (Pic de). Pyramide	50	3321 8	—4	2279 9	2872 3	2870 6
✳ Couchet (Pré du). Étable, arête N.-E. du bâtiment; sol	50	3421 9	—4	1477 4		1329 0
Croix de Madame(Col de la). Pyramide au milieu du col	50	2866 9	—4	2255 3	2534 2	2532 5
Deux Ruisseaux (Chalet des). Arête S.-O. du bâtiment; base du toit . . .	50	2867 1	—4	1604 6	1979 4	1976 0
Épinay (Chapelle de l'). Sommet de la statue . .	50	3234 5	—4	1561 1	1050 4	
Eustaches (Pointe des). Sommet du rocher . . .	50	2444 4	—4	1726 8	2727 9	
Fanges (Chalet supérieur des). Pignon S.-O.; faîte du toit	50	2950 9	—4	1160 6	1882 1	1879 1
Fond-de-France. Grange au Sud du hameau; pignon Sud; faîte du toit	50	3117 8	—4	1514 6	1111 9	1104 9
Frantz-Barrat (Chalet). Pignon S.-E.; faîte du toit.	50	3056 1	—4	1425 4	1229 8	1221 8
Frêne (Pic du). Sommet de la pyramide ruinée . . .	50	3917 6	—4	2909 5	2811 2	
Glacier (Pic du Grand-). Sommet du rocher. . .	50	3474 9	—4	2519 0	2780 8	
Gleysin de la Ferrière (Chalets de). Chalet Ouest; arête Ouest du bâtiment; base du toit.	50	2957 3	—4	1468 1	1611 5	1610 3
Gleysin (Pic du Grand-). Pyramide	50	3378 5	—4	2414 5	2827 7	2827 2
Grande-Roche du lac de la Folle. Pyramide.	50	3173 0	—4	1898 1	2351 8	2351 1
Grand-Rocher. Pyramide .	50	3373 3	—4	1265 9	1932 0	1929 8
Grand-Thiervoz. Maison à l'Est du village; extrémité Est du faîte du toit . . .	50	3406 5	—4	1606 7	1018 5	1012 2
Homme (Col de l'). Pyramide au milieu du col. .	50	2472 7	—4	1454 3	2303 0	2301 3
Jâs (Chalet du). Arête N.-O. du bâtiment; sol	50	3612 1	—4	1849 2		1402 2

NOM ET Désignation des points.	LATITUDE		LONGITUDE		ALTITUDES	
					du signal	du sol
	G	''	G	''	M	M
La Ferrière. Maison commune; extrémité Nord du faîte du toit	50	3558 9	—4	1672 9	949 5	940 0
✱ **La Martinette.** Maison blanche couverte en ardoises; pignon N.-O.; faîte du toit	50	3127 8	—4	1566 4	1098 5	1089 0
Léat (Croix du). Croisée des bras	50	3537 8	—4	1933 3	1833 2	1830 0
Marmotane (Cabane de). Arête S.-E. de la construction; sol	50	2894 3	—4	2097 4		2029 2
Mayen (Mont). Pyramide .	50	4110 0	—4	1964 8	1543 8	1512 1
Merdaret (Croix de). Pyramide à l'emplacement de l'ancienne croix	50	3162 4	—4	1158 3	1842 6	1840 8
Motte (Lac de la) et lac Carré. Mamelon entre les deux lacs; pyramide . .	50	2795 6	—4	1610 7	2182 4	2182 0
✱ **Mouchillon (Pointe de).** Sommet du rocher . . .	50	2884 1	—4	1719 2	2366 6	
Pendet (Rocher). Sommet du rocher	50	2818 1	—4	1499 5	2343 4	
✱ **Petit-Thiervoz.** Maison couverte en tuiles; extrémité Ouest du faîte du toit .	50	3472 5	—4	1625 6	990 7	983 0
Pierre Zépire. Bloc de rocher; sommet du bloc . .	50	3522 8	—4	1756 5	1278 8	
Pincerie (Mamelon de). Pyramide	50	3120 7	—4	1253 5	1824 4	1823 8
Pleynet (Chalet du). Extrémité S.-E. de base du toit formant auvent	50	3001 9	—4	1306 6	1464 1	1461 8
Porte d'Église (Pic de la). Sommet du rocher . . .	50	3329 1	—4	2169 2	2805 6	
Porte d'Église (Pointe centrale de la). Sommet du rocher	50	3329 1	—4	2178 0	2811 5	
Porte d'Église (Pointe Est de la). Sommet du rocher.	50	3330 0	—4	2185 4	2818 3	
Poulet (Crest du). Croix; croisée des bras	50	3631 1	—4	1379 5	1716 1	1713 1

NOM ET Désignation des points.	LATITUDE		LONGITUDE		ALTITUDES	
					du signal	du sol
	G	''	G	''	M	M
Prat (Dent de la). Sommet du rocher.	50	2658 4	—4	1164 0	2624 0	
Puy-Gris. Pyramide. . . .	50	3286 0	—4	2336 2	2913 2	2911 3
Pyramide-Inaccessible. Pyramide	50	2629 2	—4	1858 4	2916 8	2914 8
Rocher-Blanc des Sept-Laux. Pyramide. . . .	50	2684 7	—4	1904 9	2932 5	2929 5
Rocher-Gris. Sommet du rocher.	50	3202 9	—4	2177 5	2769 2	
Roche-Noire du Pleynet. Sommet de l'arête rocheuse	50	2924 0	—4	1101 3	2134 4	
Sambuis (Cime de). Sommet Est.	50	2922 9	—4	2516 9	2735 6	
Sauze (Pont de la). Extrémité rive gauche du tablier.	50	3081 9	—4	1490 3	1129 6	
Sept-Laux (Chalet-Hôtel des). Pignon Sud, faîte du toit	50	2588 6	—4	1546 8	2194 3	2186 6
Sept-Laux (Col des). Bloc de rocher dans le col ; angle Nord du bloc	50	2571 7	—4	1554 4	2199 8	
Tavernes (Crest des). Sommet du sapin le plus élevé au sommet du mamelon.	50	3827 0	—4	1497 7	1613 6	
Tépey (Col du). Pyramide vers le Nord du col . . .	50	3092 4	—4	2187 7	2723 5	2721 7
Vache (Col de la). Milieu de la dépression.	50	2560 7	—4	1377 5		2559 0
Valloire (Chalet supérieur de). Pignon Sud, faîte du toit.	50	3266 0	—4	1895 9	1840 2	1836 2
Valloire (Col de). Pyramide au milieu du col	50	3302 6	—4	2295 6	2758 8	2758 1
Valloire (Montagne de la Petite-). Pyramide sur un épaulement rocheux. . .	50	3346 7	—4	1809 9	1670 7	1669 0
Valloire (Pic de la Grande-). Sommet du rocher. . . .	50	3120 0	—4	2161 8	2889 8	
Voutaret (Col de). Rocher saillant à l'Est du col . .	50	2651 8	—4	1218 4	2563 3	

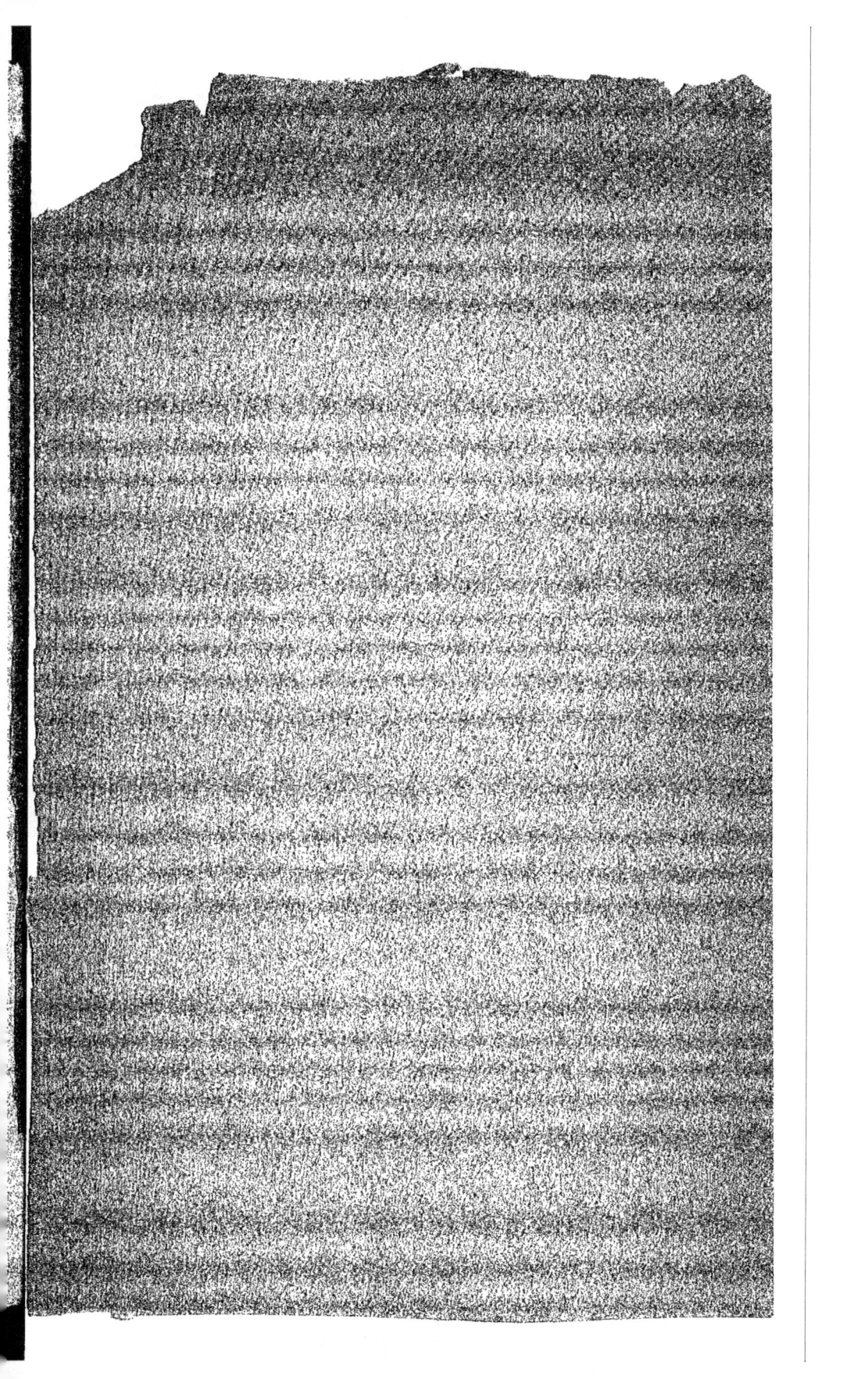

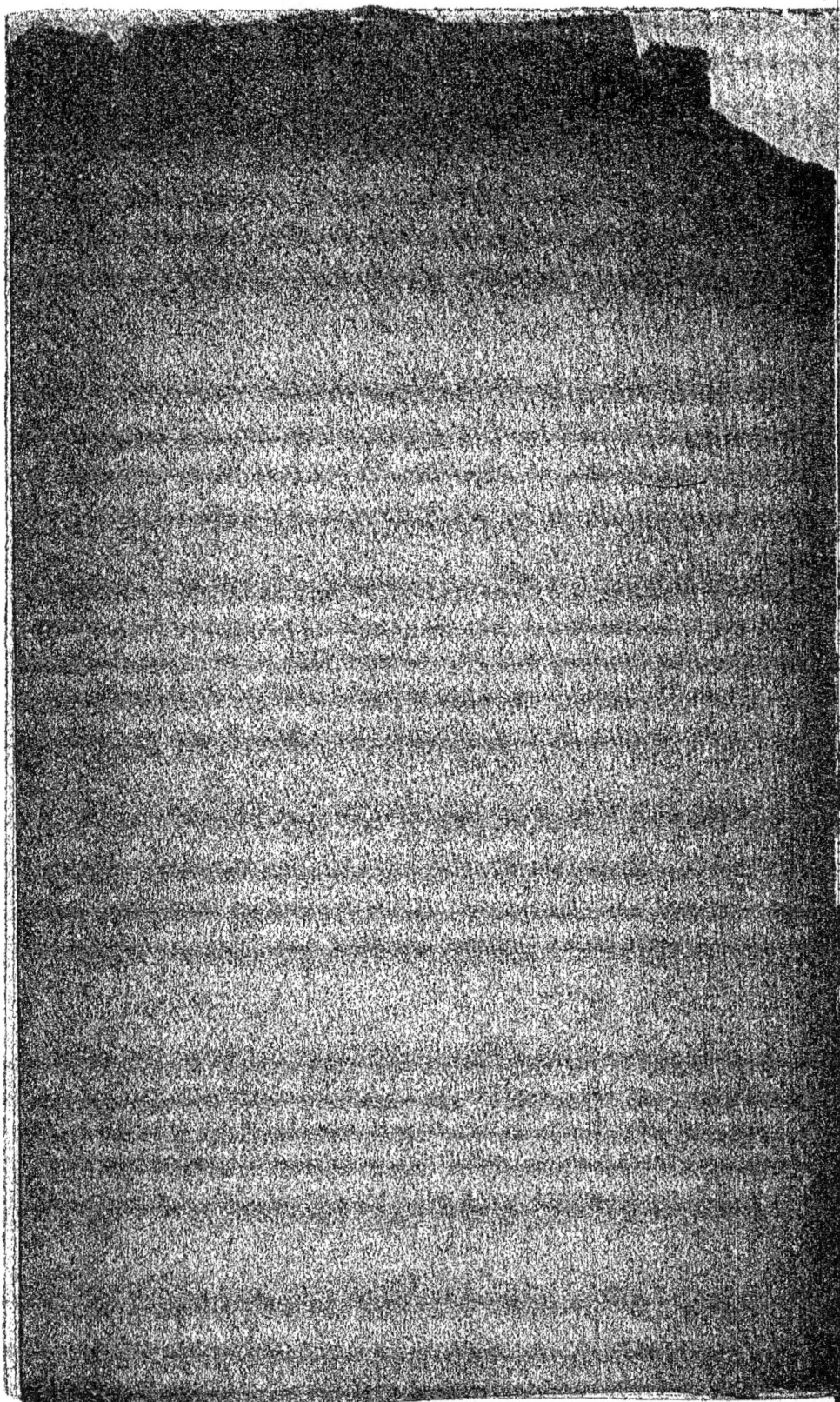